KB175211

적정기술
적용의
입문서

빗물집수시스템

적정기술
적용의
입문서

빗물집수시스템

손주형 **지음**

머리말

처음 빗물집수(Rainwater Harvesting)시스템을 본 것은 2007년 12월이었다. 아프리카 탄자니아에서 프로젝트에 포함되어 있었던 빗물집수시스템 설치분야로 처음 접하는 영어 단어로 먼저 보게 되었다. 한국에서는 빗물집수장치 기술이 필요성이 낮아 모르고 살고 있다는 것에 행복을 느껴야 했지만, 우리나라 많은 사람들이 해외봉사와 기술지원을 하고 있는 실정에서 한 번도 보지 못한 단어를 접한다는 것은 기술자로서 부끄러운 일이었다.

탄자니아 이후로 캄보디아, 에티오피아, 케냐에서 빗물집수장치는 너무나 유용하게 사용되고 있다는 것을 알게 되었다. 많은 원조기관이나 선진국의 기술자들을 만나면서 다양한 기술서적이 있는 것도 알게 되었다. 또한 아르헨티나의 아건조 기후에서 식수와 축산을 위한 빗물집수시스템을 보면서 빗물집수는 개발도상국가의 식수로도 중요하지만, 물이 필요한 곳에서는 어디든지 사용해야만 하는 기술이라는 것을 몸소 깨달았다.

이 책을 적게 된 계기는 열정으로 뭉쳐진 NGO나 선교단체들이 아무런 기초지식 없이 봉사를 하는 데 기술자로서 무엇인가는 도움이 되는 일을 해야겠다고 생각할 시기에 케냐에서 『Water from roofs』라는 너무나도 훌륭한 서적을 기술하신 Erik Nissen-Petersen 씨를 만나서 여러 가지 유용한 기술에 대해 배울 수 있는 기회를 가졌다.

이 책을 처음 적기 시작할 때에는 Erik Nissen-Petersen의 『Water from Roof』를 번역하려고 하였지만, 『Water from Roof』는 케냐 현장 시공에 초점을 맞추고 있어, 다양한 국가에서 초보 기술자가 볼 수 있는 책은 아니었기 때문에 여러 가지 자료와 경험을 포함시키기로 했다.

나의 지식과 경험이 부족하여, 다양한 기관들의 기술서적에서 너무나 많은 도움을 받았다는 것을 먼저 밝힌다. 많은 서적들에서 도움을 받았기 때문에 이 서적의 인세는 모두 개발도상국을 지원하는 곳으로 기부될 것이다. 어떻게 보면 이 책은 RWHS에 대한 지식을 서로 공유하는 의미로 적었다. 이 책은 개발도상국을 중심으로 되어 있지만, 기본적인 내용은 선진국이나 우리나라에도 똑같이 적용되므로 충분히 다양한 국가의 설계와 시공적인 부분은 도움이 될 것으로 생각한다.

전기가 공급되지 않는 마을에 발전기로 수중모터를 돌리도록 용수 공급을 설계하였지만, 정작 주유소가 차량으로 3시간이 걸리는 마을이라는 문제점을 준공시점에서 깨달았던 경험이 있었기에 부수적인 내용을 추가적으로 언급한 경우도 있다.

이 책은 식수공급에 관련된 일을 해보았던 전문기술자보다는 식수공급사업을 처음 접하는 경험 없는 분들에게 도움이 되는 입문서의 성격으로 기술하였다. 더 자세하게 알고 싶은 분들은 참고도서를 활용하면 이 책보다 더 많고 좋은 내용을 얻을 것으로 확신한다.

아는 만큼 우리가 주는 노력과 지원이 더 효과를 발휘할 수 있다.

책상에 앉아서 아프리카 초원에 있는 사람들 생활을 개선하기 위해서 말만 하는 나 같은 사람보다는 전문적인 지식은 없지만, 현지에서 헌신적인 노력을 하시는 수많은 분들에게 무한한 존경을 보내면서, 이 책이 조그마한 보탬이 되었으면 하는 바람이다.

마지막으로 초기에 그림 작업을 해주신 이지민 선생님과 사진들을 제공해주신 한국농어촌공사의 박현주 박사님, 이정철 차장님, 안조범 박사님에게도 감사의 말을 올린다.

2014년 11월
손주형

목차

표 목차

그림목차

제1편

빗물집수시스템
(RainWater Harvesting System)이란?

제1장 RWHS 개요

1.1 빗물집수시스템(RainWater Harvesting System:RWHS)

"Rainwater Harvesting(빗물집수)"는 한국에서는 익숙하지 않지만 개발도상국은 물론 선진국에서도 상수도의 공급이 어려운 지역에서 널리 사용하고 있다. 빗물집수(Rainwater Harvesting)는 지붕이나 지표면의 불투수층의 표면을 타고 흐르는 빗물을 파이프를 통해 저장 공간으로 이동시켜 사용하는 것이다. 먹는 물이나 농업, 축산 용수, 인공 함양 등 광범위한 용도로 사용하고 있다.

이 책에서는 광범위한 빗물집수장치가 아닌 개발도상국에서 식수나 생활용수를 위해서 가정집의 지붕을 이용한 지붕집수(Roofwater Harvesting)를 중심으로 기술하였다. 지붕집수란 지붕의 불투수층 표면을 이용하여 빗물을 저장하여 이용하는 비교적 소규모 시스템을 의미한다. 개발도상국과 같이 마을단위 상수도 시설이 이루어지지 않거나 지표수를 이용한 상수도시스템 개발이 어려워서 용수공급이 원활하지 못한 지역의 가족 구성원들이 가까운 곳에서 공급받을 수 있는 접근성과 자신의 물을 직접적으로 관리할 수 있는 편리함이 장점이지만, 설치비용은 개발도상국 일반 가구에서 감당하기에는 부담스럽다.

빗물은 대기오염이 심각한 지역 이외에는 맛이 양호하고 양질의 수질을 가지고 있어 훌륭한 식수원 역할을 한다. 연중 일정량의 강수량이 유지되거나, 강수량이 많은 곳에서 RWHS를 저렴하게 적용할 수 있지만 비가 잘 내리지 않거나 다른 용수원 개발이 어려운 지역에서도 대용량 물탱크를 설치한다면 안전한 용수원으로 사용할 수 있다. 또한, 난민 캠프나 긴급사태가 발생한 곳이나 도로 상태와 장비접근과 같은 어려움이 있는 곳에서 다른 용수원 개발이 어려울 때 계절에 따라 즉각적으로 활용할 수 있다.

개발도상국에서 적용되는 지붕집수장치 기술은 고난이도 기술이라기보다는 다양한 경험에 의해서 어떻게 지역적 특성에 적합한 방법으로 설치하느냐가 더 중요하다. 광범위하고 다양한 내용보다는 원하는 지역 인근에서 설치했던 다른 원조기관 보고서나 결과물을 참고한다면 지역특성에 적합하게 설치할 수 있다.

빗물집수(Rainwater Harvesting)에서 가장 보편적으로 많이 사용하는 것은 지붕집수(Roofwater Harvesting)이다. 많은 지역에서 특별한 시설을 갖추지 않고, 가정집이나 학교의 지붕표면을 따라서 흘러내리는 빗물을 홈통과 파이프로 모아서, 물탱크(water tank)나 항아리(jar)와 같은 저장시설에 모아서 사용한다.

빗물집수의 개념은 우기(wet period)에 내리는 빗물을 사용하고 여분의 물을 저장해서 건기(dry period)에 이용하는 것이다.

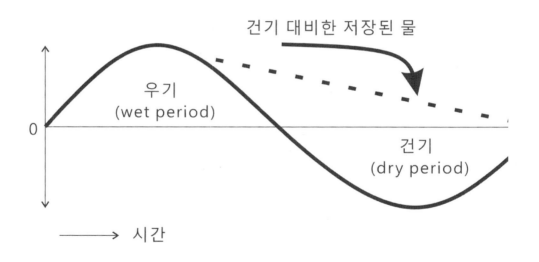

NWP, 2007

〈그림 1.1〉 RWHS(빗물집수)의 개념

1.2 RWHS 구성요소

RWHS(빗물집수시스템)의 구성요소를 구분하면 하늘에서 떨어지는 빗물을 받는 집수부(catchment), 물탱크와 같이 물을 저장하는 저장부(storage reservoir), 집수부에 떨어진 빗물을 저장부와 연결하는 이송부(delivery system)로 구분할 수 있다.

각 요소들은 서로 다양한 기능을 가지지만, 지역여건이나 설치하는 지점에 추가하거나 보완하여 적절한 시스템으로 구성한다. 수질관리와 이용의 편리를 위한 수도꼭지, 초기우수배제장치, 각종 필터와 같은 부대장치를 현장여건에 따라 추가적으로 설치할 수 있다.

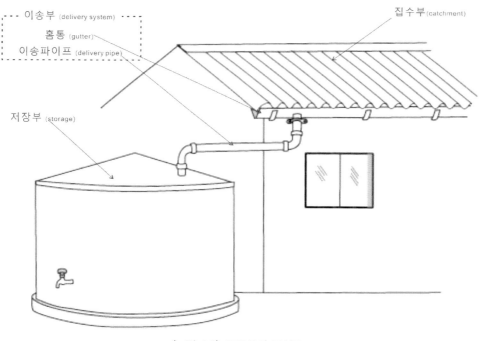

〈그림 1.2〉 RWHS의 모식도

1.3 RWHS 적용

　　RWHS는 건기에 식수원과 멀리 떨어진 지역에서 커다란 효과가 있다. 아프리카나 동남아 지역은 온대지역보다는 우기와 건기의 구분이 일정한 시기에 따른 강수 패턴이 확연히 구분되어 건기와 우기 예측이 용이하다. 아건조(semiarid) 기후인 아프리카 케냐에서는 우기를 다시 소우기와 대우기로 나누기도 한다. 건기의 지속기간에 따라서 RWHS의 규모가 결정되기 때문에 우기가 분산될수록 RWHS 설치규모가 작아지는 장점이 있다.

　　용수의 혜택을 받지 못하는 많은 개발도상국에서 건기에는 위생을 보장할 수 없는 강가나 물이 고이는 곳에서 채취한 깨끗하지 않는 물을 마시기 때문에 수인성 질병이 발생한다. 건기는 우기에 비해서 부녀자와 어린아이들이 물을 운반(fetch)하는 거리가 더 멀어지기 때문에 물을 운반하는 시간과 노동력이 더 많이 소요되고, 강가에서 물을 뜰 때 악어의 공격을 받아서 생명을 잃는 경우가 자주 발생하게 되므로 건기의 용수 공급이 중요하다.

　　우기에는 마을에 있는 비위생 정화조와 각종 쓰레기 등으로 인해서 빗물 외에는 깨끗한 식수를 활용하기 어려운 경우도 있다.

　　자기소유의 거주하는 지붕을 이용하므로 RWHS는 울타리 안에 있는 용수공급시스템으로 수요자와 가까운 곳에 있다. 기존 지붕을 이용하므로 상대적으로 저렴한 예산으로 공사할 수 있고 다른 시스템에 비해 구조가 간단해서 숙련된 기술자 없이도 손쉽게 설치할 수 있어 광범위하게 적용할 수 있다.

1.4 RWHS 관리주체

　　각종 용수원의 지속적인 이용을 위해서 개발도상국에서 누가 관리주체가 되느냐는 아주 중요한 사항이다. 일반적인 RWHS는 가정을 중심으로 만들어지거나 학교의 넓은 지붕을 이용하기 때문에 이용주체가 명확해서 이용자가 관리자로 바로 연결되는 장점이 있다.

　　개발도상국의 공동급수시설에서 이용자의 주인의식(ownership) 부재와 관리자의 모호함으로 사소한 고장을 방치해 사용기간이 몇 년 이내로 한정되는 것은 너무나 일반적인 문제점으로 알려져 있다. 이러한 고질적인 문제를 해결하기 위해 많은 단체나 기관에서 다양한 프로그램들을 시도해 보았지만, 해결방법이 쉽게 나오지 않고 있다.

RWHS는 다른 시스템에 비해서 소규모이고 이용자가 울타리 안으로 한정되어 관리주체가 명확하므로 설치할 때부터 운영 및 보수 기본교육을 통해서 유지 관리할 수 있다. 만약 새로운 건물에 설치가 된다면 건물관리자가 RWHS의 관리자가 된다.

용수공급시스템을 만들 때 지속적인 운영을 위해서 관리주체를 선정하고 물을 이용하는 조직(WUG: Water User Group)을 만드는 것이 현실적으로 가장 큰 어려움이나, RWHS는 소유자나 관리자가 관리주체가 되는 구조를 가지고 있다.

1.5 RWHS 장점

RWHS는 편의성, 수질의 안정성, 에너지 소비량, 유지보수, 이용량 조절 등의 장점이 있다. 노동력을 저감시켜주는 편의성과 일정한 수질 확보, 이용하기 위해서 특별한 에너지 소비가 들지 않고, 이용주체에 따른 유지보수의 용이성, 가족중심의 이용조직으로 이용량 조절의 용이성 등으로 RWHS는 적절히 이용될 수 있다.

또한 지하수의 수질이나 부존이 불량하면서, 상수도 공급라인과 멀리 떨어져 있는 외딴지역이거나 상수도 연결비용이 너무나 많이 소모되는 지역에서는 RWHS를 이용할 수밖에 없는 입지적인 요건이다.

1.5.1 편의성(Convenience)

멀리까지 물을 길러 가지 않고 용수를 사용하는 곳의 울타리 안에 설치되어 편리하게 이용할 수 있다. 학교용이나 공공용 이외의 대부분 RWHS는 집안에 설치된 수도급수전이나 개인용 지하수와 비슷한 접근 편의성을 가지고 있다.

이러한 편의성으로 물을 길러오는 여성과 아동의 가사부담 노동력을 줄일 수 있다. 많은 개발도상국에서 500m 이내에 급수대(water point)를 두는 접근성을 목표로 하지만, 깨끗한 물을 길러오기 위해 약 2km 이상의 먼 곳에서 물을 가지고 오는 경우가 많이 있다. WHO(2003)가 최소한의 보건위생을 보장할 수 있는 일일 필요수량인 20리터의 물 운반시간이나 비용을 RWHS는 줄여 줌으로써 편의성과 더불어 여성 및 아동 노동을 저감시킬 수 있다.

1.5.2 수질(Water Quality) 안정성

　개발도상국의 정수처리를 하는 상수도에서도 정수비용, 기술, 시설 등의 여건에 따라 계절별로 수질이 일정하지 않고 변화가 발생하기도 한다. 지하수는 대부분 일정 수질 이상의 깨끗한 물을 공급하지만, 자연적으로 불소, 비소, 염소 등으로 마시기 부적합한 대수층을 가진 지역도 있다. 브라질 북동부에는 불투수층 지표가 있고 베트남, 인도, 방글라데시, 서부 우간다의 지역에서는 불소, 철, 비소와 같은 중금속이 지하수에 포함되어 있거나, 중국 북쪽 지역과 같이 대수층이 너무 깊을 경우에는 안전한 수질의 물 확보가 어렵다.

　RWHS는 심각한 대기오염이 있는 지역을 제외하고는 오염원과 직접적인 접촉이 없으므로 안정된 수질의 용수를 확보할 수 있다.

　수질 관점에서 보면, 얇은 지하수, 저수지, 강, 샘물 등 많은 식수원들이 강수량에 따라 수질변화가 많이 발생하지만, RWHS는 계절에 따른 빗물의 수질변화가 발생하지 않는다.

1.5.3 자연 에너지 이용

　RWHS는 에너지 소요량이 없는 시스템이다. 필요한 에너지는 중력을 이용해서 자유낙하로 움직이기 때문에 음용까지 에너지 소비가 가장 작다. 전기나 유류를 사용하지 않음으로써 인프라가 열악한 외딴지역에 독립적으로 설치하기에 적합하다.

1.5.4 유지보수 용이성

　구성요소가 지붕, 홈통, 파이프, 물탱크로 비교적 간단하기 때문에 유지보수가 용이하다. 내구성을 가지지 못한 자재들이 태풍, 폭우, 우박 등으로 파손될 수 있으나 비교적 간단한 구조로 사용자가 고치겠다는 의지만 있다면 보수가 간단한 장점이 있다. 이러한 장점을 가지기 위해서는 시스템 설계단계에서 유지보수까지 고려해야 한다.

1.5.5 이용량 조절

가정용 RWHS는 가족구성원들이 이용자로 연대의식이 높아, 저장탱크를 관리하는 가장(家長)의 통제가 잘 반영되므로 효과적으로 이용량을 관리할 수 있다. 저장량이 줄어드는 시점에서 이용량을 절약해서 운영일수를 연장할 때 모든 이용자가 적극적으로 이용량 절약에 참여하므로 이용량 조절 효과가 높다.

건기에는 RWHS를 식수로만 사용하고 일반용수는 거리가 멀거나 수질이 떨어지는 대체 수원을 사용하여 이용량 조절 효과를 상승시켜 먹는 물 구매 절감, 효율적인 용도 선정 등이 용이하다.

1.6 RWHS 시행주체

개발도상국에서는 아무리 좋은 프로젝트라고 하더라도 누가 할 것인지에 대한 고민 없이는 프로젝트가 진행될 수 없다. 기술이 없어서 못하기보다는 경제적 여력이나 해야 되겠다는 계기가 없어서 사업이 진행되지 않기 때문에 어떤 방식으로 실행할 것인지에 대한 고민이 필요하다.

RWHS를 시행하는 주체는 주민이 스스로 기초 재료와 부품을 구매해서 직접 만드는 방법, 자가 비용으로 RWHS를 만드는 기술자를 고용해서 만들도록 하는 방법, 정부나 NGO 단체, 원조기관의 도움을 받아서 설치를 하는 방법 등 다양한 방법을 검토할 수 있다.

아시아개발은행(ADB)의 캄보디아 프로젝트에서는 원조단체가 기술자를 지원하고, 주민들은 재료를 구매해서 공동으로 설치하는 RWHS 프로그램을 시행하였다. 주민들이 기술지원을 받아 만들기 때문에 향후에 파손 등의 문제가 발생하더라도, 직접 수리가 가능하고 주민이 비용에 직접 참여하였기 때문에 주인의식이 높다는 장점이 있다.

RWHS를 제작할 때 시행주체에 따라 분류하면 <표 1.1>과 같다. 이러한 방법은 다양한 조합으로 여건에 맞도록 좀 더 다양하게 구성될 수 있다.

구 분	자가제작·설치	자가주도설치	정부지원 프로그램	NGO지원 프로그램
비용	주민비용	주민비용	보조	보조
적정성 판단	주민	주민	정부	주민+NGO
모델/설계적용	주민	주민	정부	주민+NGO
건설예산	주민	주민(+소액대출)	주민+정부	주민+NGO
건설주체	주민	주민 or 기술자	계약자	주민+NGO
운영자	주민	주민	주민	주민
관리자	주민	주민	주민	주민

1.6.1 자가 제작·설치

주민이 일정한 교육이나 주변의 설치된 것을 참고하여 필요한 각종 재료나 부품을 구매해서 설치하는 것으로 저렴한 비용과 간단한 절차로 설치를 할 수 있지만, 경험이 없는 주민들은 시행착오로 인해서 설치기술 부족에 따른 시행오차 비용, 공사기간 장기화, 내구성 불량 등이 발생될 수 있으므로 주의가 필요하다. 주민들은 자기가 감당할 수 있는

〈그림 1.3〉 ADB에서 기술지원하고 주민이 직접 만든 RWHS(캄보디아)

예산범위 내에서 설치하므로 시스템 효율이 낮아질 수도 있지만 설치를 해야겠다는 의지를 가지는 것은 중요하다.

NGO나 원조기구에서는 캠페인이나 설치교육 등을 통해서 주민들의 제작을 간접적으로 지원할 수 있다. 만약 관련 부품의 구매가 용이한 곳에서는 필요부품을 구매해서 별도 제작과정 없이 연결 설치만으로 RWHS를 구성할 수 있다.

1.6.2 자가 주도 설치

자가 주도 설치는 주민이 필요성을 느껴서 시장에서 기술자와 계약을 통해서 설치를 하는 것이다. 이때 주민이 직접 노동력을 제공하면 설치비용을 줄일 수도 있다.

이러한 프로그램은 마을단위의 공용 소액대출이나 마이크로 크레딧(micro credit) 등을 통해서 예산을 마련하여 직접 제작하지 않고 기술자의 도움을 받아 효율과 안정성을 높일 수 있는 장점이 있지만 직접 제작하는 것보다 예산이 더 많이 필요한 단점도 있다.

1.6.3 정부 지원 프로그램

주민보건위생 프로젝트로 주민들의 용수공급 비율을 높이는 방안으로 지원할 때, 정부나 원조단체가 공동으로 설치비용의 일부 또는 전부를 지원하는 방식 같은 다양한 프로그램을 시행할 수 있다.

정부에서 자가 설치를 권장하기 위해서 부품이나 기술 지원을 하거나 학교와 같이 개인들의 도움을 받기 어려운 공동시설에는 모든 비용을 정부에서 지원할 수 있다. 각종 정부지원 프로그램은 국가나 공동시행자인 원조기관의 성격에 따라 다양한 형태로 구성할 수 있다.

1.6.4 NGO 지원 프로그램

NGO나 원조단체가 정부의 직접적인 도움 없이 개별적으로 지원하는 형태로 자가 제작이나 자가 설치를 독려하는 캠페인에서부터 학교에 설치지원이나, RWHS 자재를 지원하는 등 다양한 방식이 있을 수 있다. NGO나 원조단체는 지역에 맞는 방식이나 예산에 맞는 프로그램을 개발하여 지원을 할 수 있다.

ILO(국제노동기구)의 경우, 주민들의 노동능력 향상을 중요시하여 주민들을 직접 고용해서 노동을 하게 하거나, 현지 주민 일부를 교육시켜 전문기술자로 양성하여 프로젝트에 투입하는 등의 고용창출 및 기술자 양성을 통하여 주민에게 일자리를 제공하는 특색이 있다.

1.7 RWHS 적용 유의점

RWHS는 물을 공급하는 여러 시스템 중의 하나이므로 모든 곳에서 동일 방법으로 적용할 수는 없다. 얕은 우물(shallow well)의 수질이 좋고 대수층의 오염가능성이 낮은 곳에서는 얕은 우물을 설치하는 것이 효과적이다. 샘물과 같은 기존의 용수가 있는 곳에서는 지표수 공급시스템을 검토하여 많은 사람에게 고른 혜택을 줄 수 있다.

특히, 우기가 짧은 곳에서는 과도한 물탱크 크기가 부담이 될 수 있으므로 다른 방법을

KOICA, 2009

〈그림 1.4〉 학교용 RWHS

검토할 것을 권장하지만, 다른 대안이 없을 경우에 빗물은 효과적인 방법이 될 것이다.

RWHS 설치를 검토할 때에는 설치할 마을이나 기초조사 과정에서 기존의 물공급 시스템을 충분히 조사한 후 장단점을 비교하여 RWHS의 적용성과 비용을 검토하는 것이 중요하다.

1.8 시공 시 고려사항

RWHS를 시공할 때에는 지붕에서 얻어진 빗물을 적절하게 물탱크로 이동시키고 용수를 최대한 깨끗하게 관리하는 방향으로 시공해야 하지만 비용의 어려움이 발생한다. 개발도상국에서 고난이도 기술이나 고가의 공산품을 이용하기보다는 적은 비용으로 최대 효과를 내는 시공이 필요하다.

개발도상국은 공산품 수요가 적어서 생산 공장의 수가 많지 않기 때문에 설치지역까지 운반비용이 많이 발생하므로 공산품 단가가 공장지대나 경제중심지역에서 멀어질수록 가격이 점점 높게 형성되는 경향이 있다. 수요가 적어 지속적으로 생산하지 않기 때문에 생산시기에 따라 품질 변동 폭이 큰 특징이 있다. 창고에 오래 보관된 물건일수록 보관상태나 생산연도가 불확실하므로, 불확실한 생산품보다는 보기에는 좋지 않지만 현장에서 직

〈그림 1.5〉 5,000리터 학교 적용 RWHS(탄자니아)

〈그림 1.6〉 사무실 적용 RWHS(탄자니아)

〈그림 1.7〉 가정집 적용 RWHS(아르헨티나)

접 만들거나, 지역의 풍부한 자재를 이용한 대체품을 사용하는 것도 적절한 시공방향이다.

물항아리 생산지로 유명한 곳이면 굳이 먼 곳에서 운반되어져 오는 플라스틱 물탱크를 설치해서 불량이나 교체의 어려움을 겪기보다는 물항아리를 사용하는 것이 효과적이다. 개발도상국에서는 비포장도로와 과도한 적재에 따른 운반과정에서 발생하는 제품 간의 충돌에서 생기는 불량, 제품생산과정에서 생기는 품질불량을 현장에서 발견했을 경우 반품하고 새로운 제품으로 받아올 때 공사기간 등에서 예상치 못한 어려움에 부딪히게 된다.

생산품의 내구연한이나 불량률은 공사기간이나 시공 부대비용을 증가시킨다. 또한 생산품의 파손이나 수리가 필요할 경우를 대비해서 주변에서 쉽게 대체품을 구할 수 있는 생산품을 선정하는 것이 필요하다.

제2장 RWHS 적용

2.1 다른 용수원과 비교

우리가 이용하는 용수는 강수(rainfall)를 기원으로 만들어진다. 하늘에서 비가 내려 지상이나 지하 이동을 통해서 다양한 형태의 용수원이 된다. RWHS(빗물집수시스템)는 다른 용수원에 비해 이용하는 이동경로와 거리가 짧은 특징이 있다.

<그림 2.1>에서는 관정, 샘물, 강물을 비교할 때 펌프 흐름, 인간의 노동, 에너지의 소요 등의 부가적인 에너지 사용이 가장 작은 형태이다.

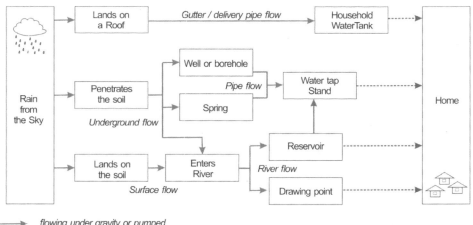

Modified from T.H. Thomas and D.B. Matinson, 2007

〈그림 2.1〉 용수공급

물공급시설 중에서 저렴하게 이용할 수 있는 방법은 얕은 우물(shallow well)이지만, 지표의 영향을 쉽게 받는 대수층을 이용하여 계절에 따라서 수위와 수량 변동 폭이 크다는 단점이 있다. 불소, 비소 등의 자연적인 유해물질초과, 질산성질소와 같은 인위적인 오염원은 화장실, 쓰레기 투기시설 등에 의해서 쉽게 오염될 수 있다. 지역에 따라서 지표를 구성하고 있는 충적층이 깊거나 얕을 수도 있어, 차이가 많이 발생한다. 한번 만들어진 관정은 대수층 자체를 관리한다는 것이 불가능하고 주변에서 과도한 양수 등으로 지하수위가 떨어지는 단점이 있을 수 있다. 얕은 우물의 단점을 보완하기 위해서 깊은 관정을 개발하지만 비용적인 어려움이 있다.

RWHS는 구름에서 공기 이외의 다른 매체와 접촉하지 않고 지붕으로 도달하므로 빗물을 일시적으로 저장이 가능한 완충공간(Buffering area)으로 물탱크를 설치한다. RWHS의 물탱크는 깨끗한 수질을 유지하면서 충분하게 저장하려면 비용이 많이 소요되므로 용량을 적정하게 결정해야 한다.

다른 용수원과 비교해서 RWHS의 주요 특징을 보면 다음과 같다.
- 사용하는 지붕을 이용해서 용수를 수집한다.
- 운반과정 없이 집안으로 공급된다.
- 적정한 지질이나 지형 등이 필요하지 않다.
- 상업적이나 공용으로 관리하는 시스템이 필요 없는 가내기술이다.
- 일반적으로 생물학적이나 화학적으로 유해성이 적은 물을 공급한다.

2.2 적용 가능성 분석

개발도상국에서 정확한 강수량 자료를 얻는 것은 상당한 어려움이 있다. 도심 인근 지역은 관측소가 있어서 기상자료를 얻기 쉽지만 RWHS가 많이 필요한 농촌지역에서는 인근에 관측소가 없기 때문에 개략적인 예상치를 구할 수밖에 없다.

현장조건을 알기 위해 가까운 지역의 기상자료를 기초로 하여 마을 주민 청문을 통해서 강우패턴 및 강수시기 등을 파악하는 것이 필요하다.

적용 가능성과 효율을 검토하기 위해서 식(1)과 식(2)를 이용하면 간단하게 계산을 해서 개략적인 적용 가능성을 판가름할 수 있다.

조사된 연간강수량(R)에 연결된 지붕의 바닥면적(A)과 손실을 고려한 유출계수(Cr)를 곱하면 지붕에서 얻을 수 있는 물의 양(Q)을 식(1)과 같이 산출할 수 있다.

$$Q = R \times A \times Cr \quad \cdots\cdots\cdots\cdots \text{식(1)}$$

여기에서

    Q : 연간 지붕에서 얻을 수 있는 수량

    R : 1년간의 총 강수량

    A : 홈통으로 연결된 지붕의 면적

    Cr : 유출계수(Run-off coefficient)

유출계수는 지붕에서 증발하거나 지붕과 저장탱크 사이에서 발생하는 물의 손실 정도를 숫자로 표현한 것으로 지붕 재질이나 상태에 따라서 차이가 있지만, 아연도금 철판(sheet)은 0.9를 적용하고, 알루미늄 철판(sheet)은 0.8을 적용한다.

폭우가 자주 내리는 열대 습윤 지역의 강한 지붕, 가랑비가 내리는 곳에서 초가지붕과 같이 현황에 맞는 누출계수를 적용하면 된다.

실질적인 RWHS 시스템에서 얻을 수 있는 물량(U, ℓ/year)은 저장탱크에서 가득 차고 넘치거나 증발 같은 저장효율(E)을 계산하면 지붕에서 얻을 수 있는 수량(Q)보다는 작게 나타난다.

$$U = E \times Q \quad \cdots\cdots\cdots\cdots \text{식(2)}$$

여기에서

    U : 총 사용가능한 물의 양

    E : 저장효율(Storage efficiency)(1을 초과할 수 없다)

    Q : 연간 지붕에서 얻을 수 있는 수량

E(저장효율; storage efficiency)의 효율성은 저장탱크 크기, 기후, 물 사용방식, 강수패턴 등과 같은 요소와 관련 있다. 저장탱크 크기(size)는 크면 클수록 좋지만, 가격이 비싸진다.

기후(climate)는 비가 많이 내리는 적도가 가장 효율이 좋고 건기가 긴 지역의 효율이 가장 낮다. 물의 사용방식은 물의 수요량이 높은 곳에서는 높은 저장효율과 많은 양을 필요로 하므로 수요량이나 사용량이 증가하면 RWHS 운영이 불안정적으로 된다.

  강수패턴은 똑같은 비가 내린다고 하면, 많은 양의 비가 집중적으로 오는 것보다 일정한 시간(ex: 야간)에 지속적으로 내리고, 강수량은 작지만 우기의 기간이 길수록 저장효율은 높아진다.

<예제>

일 년 중 비가 내리는 우기기간이 약 20주이고, 연간 1,150mm의 강수량을 가진 지역에서 철제시트로 된 4m×6m 지붕을 가지고 있는 가구에 RWHS의 설치로 얻을 수 있는 빗물의 양을 계산하여 적용 가능성을 평가하라.

지붕의 철제시트를 아연철판과 스테인리스 철판의 평균값인 0.85를 유출계수로 식(1)에 적용하면

  $Q = R \times A \times Cr$ ·················· 식(1)
  $23,460 \ell/year = 1150 \times 4 \times 6 \times 0.85$

일반적인 상황에서 지붕에서 얻을 수 있는 빗물의 양(Q)은 일 년간 약 23,460리터가 된다.

저장효율(E)을 증발과 같은 저장 도중에 사라지는 물의 양과 물탱크에서 생기는 오버플로우(Overflow)를 고려해서 약 70%로 가정하면 가구에서 사용할 수 있는 물량(U)을 식(2)로 계산하면

  $U = E \times Q$ ··············· 식(2)
  $16,420 \ell/year = 0.7 \times 23,460$

계산된 총 사용가능한 물량을 어떤 용량의 물탱크를 설치하느냐에 따라 사용용도와 일 최대 사용량을 계산할 수 있다.

물탱크에 따라서 16,230ℓ를 사용가능한 방안을 검토하면 다음과 같다.

- 소형탱크를 이용한다면 우기에 20주 정도에 117ℓ/일을 사용할 수 있다(Wet-season RWHS).
- 중형탱크를 이용하면, 우기를 포함한 건기에도 40주 정도 59ℓ/일을 가구에 적용할 수 있다 (main source RWHS).
- 대형탱크를 이용한다면 우기와 건기를 포함한 일 년 동안 45ℓ/일을 계속 안정적으로 사용할 수 있다(sole source RWHS).

물탱크 용량은 3장에 나오는 계산에 따라 결정할 수 있지만 물탱크의 적용에 따라 우기에만 사용하면 117리터를 사용할 수 있고 일 년 동안 사용한다면 45리터를 사용할 수 있다. 물탱크의 현지가격 조사에 따라 예산에 적정한 RWHS를 적용할 수 있다.

2.3 용도에 따른 분류

RWHS를 용도별로 구분하면 Sole source(단일 용수원) RWHS, Main source(주요 용수원) RWHS, Wet-season source(우기용) RWHS, Potable water(음용) RWHS, Emergency source(비상용) RWHS 등으로 분류할 수 있다.

용도별로 분류하지만 실제 사용에서는 기능이 중복되거나 경제적·지역적 특성에 따라 다양한 형태를 가진다.

2.3.1 Sole source(단일 용수원) RWHS

모든 필요용수를 RWHS에서 충당하는 형태로써 우기와 건기를 포함하는 연중 다른 용수원의 도움 없이 사용한다. 다른 용수원을 찾기 어려운 지역이나 필요수량이 적은 경우 적용할 수 있다.

단일 용수원 RWHS 설치를 고려할 때에는 깊은 우물(deep well) 개발보다 경제적이거나 기후변화 등에도 안정된 용수공급이 가능한지 등을 종합적으로 비교 검토해야 한다.

단일용수원(sole source) RWHS는 대용량 물탱크와 지붕의 크기가 중요한 인자이다. 강수량이 적고 비가 내리는 시기가 한 기간에 집중되는 지역에서는 물탱크의 크기와 더불어 지붕의 크기까지 고려해야 한다.

연평균 강수량이 2,000㎜ 이하인 지역에서는 필요수량과 우기와 건기 사이일수(interval-day)를 고려하여 적정한 물탱크 크기와 더불어, 지붕 크기가 충분한지 계산해서 지붕의 확장 등을 검토하여 설계해야 한다.

2.3.2 Main source(주요 용수원) RWHS

연간 필요용수의 약 70%를 해결하는 RWHS로써 건기의 일부 기간은 대체용수를 이용한다. 단일용수원 RWHS에 비해 물탱크 크기가 작아서 설치비용이 저렴한 장점이 있다.

우기와 건기 일부분을 사용할 수 있는 물탱크를 사용한다면 건기에 모든 용수를 공급하지는 못하지만 보건위생에 필요한 안전한 용수는 해결할 수 있다. 우기용(wet-season) RWHS보다 물탱크 비용은 더 많이 소요되지만, 건기에도 필수용수를 이용할 수 있다.

우기에는 목욕용수, 청소용수 등으로 모든 용수를 RWHS로 이용하다가 우기가 마칠 때 물탱크에 물을 가득 채워서 건기가 시작되면 식수 이외의 다른 용도의 용수를 절약하여 RWHS 이용기간을 연장할 수 있다.

소형 물탱크는 폭우 시 오버플로우(Overflow)가 발생하므로 건기를 대비한 물을 충분히 저장하지 못해 65% 이하의 저장효율을 보이지만, 건기 동안 용수사용 용도와 이용량 관리 프로그램을 적용하면 효율적으로 이용기간을 연장할 수 있다.

건기에는 목욕과, 빨래는 저수지 물을 이용하고, 조리용과 식수로만 RWHS 저장수를 이용하는 용수절약 프로그램을 적용할 수 있다. 용수절약 프로그램을 <표 2.1>과 같이 사용량을 점점 줄이는 방법을 적용한다면 일일 용수공급량을 20ℓ/인/일로 보고 저장량에 따라 이용량 절약 프로그램을 실천하면 계획기간을 1.5배 연장할 수 있다.

〈표 2.1〉 Main source RWHS의 이용량 전략

물탱크의 물의 양	이용량(ℓ/인/일)	용 도
탱크의 2/3 이상	20	식수, 조리, 빨래, 목욕, 청소, 기타 등
탱크의 2/3~1/3	15	식수, 조리, 목욕 등
탱크의 1/3 미만	10	식수, 조리 등

<예제>

주요 용수원(Main source) RWHS로 설계된 집에서 가족 구성원이 5인이다.
5㎥ 물탱크를 설치한 가구에서 우기의 마지막 날에 물탱크를 100% 채웠고, 건기에는 전혀 비가 오지 않는다고 가정하고, <표 2.1>의 이용량 절감 프로그램에 따른 용수이용 기간을 검토하라.

물탱크	탱크 용량(ℓ)	일 사용량(ℓ/가구/일)	사용일수(일)
2/3 이상	1,666	100	17
2/3~1/3	1,667	75	22
1/3 미만	1,667	50	33
계	5,000		72

매일 100ℓ의 물을 변화 없이 사용한다면 약 50일 동안 용수를 이용할 수 있으나, 이용량 절감 프로그램과 같이 용수이용을 줄이면서 적절히 관리한다면 약 72일(144%)까지 사용할 수 있다.

2.3.3 Wet-season(우기용) RWHS

개발도상국에서 지붕 처마 밑에 항아리를 두고 있는 가구를 쉽게 볼 수 있다. 이러한 RWHS를 우기용(wet-season) RWHS라고 할 수 있다. 물탱크를 항아리나 철제 드럼통으로도 할 수 있고 홈통이 없는 가정에서는 홈통을 설치함으로써 우기용(wet-season) RWHS의 효율을 높일 수 있다.

철제 드럼통(drum)은 약 200리터의 물을 저장할 수 있고, 항아리(Jar)는 지역과 금액에 따라 다양하지만 400리터까지 저장이 가능하다.

저렴하고 쉽게 구할 수 있는 철제드럼통이나 항아리가 있는 가정에서 간단한 홈통 (gutter)과 지붕 개선만으로도 며칠간을 사용할 수 있는 용수를 얻을 수 있다. 상대적으로 물을 얻기가 쉬운 기간에 간단한 장치로 RWHS를 구성함으로써 우기 동안 물을 길러 가지 않더라도 안전하고 깨끗한 물을 이용할 수 있다. 우기에는 저수지나 마을 소규모 우물 등 여러 곳에서 물을 쉽게 얻을 수 있지만, 마을에 산재된 비위생 화장실이나 동물의 배설물, 쓰레기들로 인한 오염 가능성이 높고, 마을이 침수를 될 경우에는 탁도가 높아져 안전하게 마실 물이 없는 곳이 발생한다. 마을이 침수되면 낮게 설치된 우물에 오염된 지표수가 유입되므로 우기에도 안전하게 마실 물이 없는 경우가 발생한다.

우기용(wet-season) RWHS는 우기에 수인성 전염병을 저감시켜주고 깨끗한 식수를 구하기 위해서 젖은 도로를 이용해서 부녀자나 어린아이들이 물을 길러가는 노동력을 저감시켜준다.

2.3.4 Potable water(음용) RWHS

일반적으로 도심이나 농촌지역의 하천이나 얇은 지하수에서 얻는 물보다는 지붕에서 얻는 빗물이 더 안전하고 깨끗하다. 세탁, 청소, 목욕, 가축사육 용수는 연못이나 하천 등과 같은 다른 용수원에서 공급받고, 먹는 물과, 기초위생용수, 조리용수 등의 기초용수를 한정해서 사용한다면 하루 필요수량은 일인당 약 5~7리터로 계산할 수 있다. 한 가구에서 식수로만 사용하는 양은 상대적으로 많지 않기 때문에 중·소형 물탱크를 이용하더라도 연중 사용할 수 있는 RWHS를 만들 수 있다.

대체수원을 구하기가 쉽거나, 주변 관정이 비소(arsenic)나 다른 물질로 오염되어 있어 음용수로는 적당하지 않을 경우 적용할 수 있다. 식수용으로 오랫동안 보관을 해야 되기 때문에 물탱크 재질이나 강우가 시작할 때 지붕에 있는 먼지와 조류의 배설물을 씻은 물을 제거하는 초기 세척수 제거장치 설치를 다른 RWHS에 비해 면밀하게 검토해야 한다(9장 참조).

<예제>

음용(Potable water) RWHS로 설계된 집에서 가족 구성원이 5인이고 2m³의 물탱크를 설치한 가구에서 우기의 마지막 날에 물탱크를 100% 채우고, 건기의 중간에 비가 오지 않고, 하루 5리터/인의 식수를 이용한다고 가정한다면 며칠간 물을 이용할 수 있을지 계산하라.

물탱크	탱크 용량(ℓ)	일 사용량(ℓ/가구/일)	사용일수(일)
2/3 이상	666	20	33.3
2/3~1/3	667	20	33.35
1/3 미만	667	20	33.35
계	2,000		100

식수의 경우에는 물탱크의 물이 줄어든다고 하더라도 기초용수이기 때문에 이용량을 줄일 수 없기 때문에 사용량 변화가 발생되지 않는다. 2m³의 물탱크의 경우 건기에 비가 오지 않을 때 약 100일간을 사용할 수 있다.

2.3.5 Emergencies(비상용) RWHS

비상시를 대비해서 만들어 놓는 RWHS로써, 화재와 같은 응급사태나 다른 용수원이 완전히 고갈될 경우를 대비해서 비상용 RWHS로 사용할 수 있다.

산악지대에 산불 방지용으로 우기에 물통을 채워서 필요시 용수를 공급받을 수 있다. 비상용은 지속적으로 사용하는 것에 비해서 누수, 수질불량, 파손 등을 파악하기에 어려울 수 있으므로 점검이 용이한 방향으로 설계·시공해야 한다.

2.4 경제성 검토

RWHS에서 물탱크 설치비용이 전체비용의 대부분을 차지하기 때문에 경제적인 RWHS

를 구성하는 데 물탱크 선택이 가장 큰 역할을 한다. 개발도상국의 일반적인 가정에서는 2,000리터 이하의 물탱크를 사용하고 학교에서는 10,000리터의 물탱크를 사용한다.

개발도상국 일반가구에서 감당할 수 있는 목돈의 지출범위를 100$ 정도로 보고, 2,000 리터짜리 RWHS로 제작한다면 식수를 첫해의 1년 동안 0.5cent/ℓ 정도에 물을 살 수 있다는 가정이 나오게 된다.

예를 들어, 케냐 시골지역의 공공 물판매소(domestic point)에서 약 10~5cent/통(20ℓ) 정도에 물을 구입해서 이용하는 것과 비교했을 때 0.5cent/ℓ의 물 값은 저렴하고 경제적이지만 목돈을 준비해야 하는 어려움이 있다. 그러나 지속적으로 사용한다면 다음 건기에는 최소한의 유지비용만 소요되기 때문에 점점 물 값에 들어가는 비용은 낮아져 경제적인 효과는 상승된다.

다른 용수원에 비교해 지붕에서 가구에서 용수를 공급받는 접근성을 물 운반 노동력을 다른 생산 활동에 투입되는 것을 경제적으로 환산한다면 경제적인 효과는 극대화된다.

매달 일정량의 비가 내리는 적도인근 지역에서는 저비용의 RWHS 구성이 가능하지만 다른 지역에서는 단일용수원, 우기, 식수 RWHS로 가구에서 감당할 수 있거나 지원할 수 있는 경제적 범위에서 시스템을 적용해야 한다.

2.5 실패요인 검토

RWHS의 실패요인은 가뭄과 같이 빗물공급이 없는 경우와 태풍과 같은 자연재해로 인해서 시설물이 파괴되는 것을 들 수 있다.

2.5.1 가뭄

가장 우려되는 실패요인으로 오랜 기간 동안 비가 내리지 않아서 물탱크가 비어 버리는 것이다. 가뭄의 위험을 줄이기 위해서는 장기적이고 정확한 기상자료를 취득하는 것이 필요하다. 아무런 참고자료가 없을 경우에는 인근지역의 "평균"값을 적용하기도 하고, 멀리 떨어진 기상대의 자료를 이용하지만, 이렇게 참고자료를 이용할 경우에는 참고지역과 설치지역의 차이를 면밀히 분석하지 않으면 실패의 확률이 높아질 것이다.

최근 들어서 기후변화 등으로 인해서 과거의 자료나 강수 패턴의 변화가 많은 곳에서 발생하고, 지형적인 요건에서 강수패턴이 큰 차이가 있어, 위험요소가 된다.

　가뭄에는 깊은 우물(deep well)은 크게 반응하지 않지만, 저수지, 얕은 우물, RWHS는 아주 민감하게 반응을 하므로 RWHS를 적용하기 전에 예상치 못한 가뭄에 대한 요소를 검토해야 한다.

2.5.2 자연재해

　지진, 폭풍, 해일 등의 자연재해로 갑작스러운 파손이나 관리를 할 수 없는 상태가 발생할 수 있다. 다른 용수원과 달리 가정집에서 사용 중인 지붕을 이용하고 있어 지진이나 폭풍 등에서 피해가 많이 발생한다. 특히 녹슬은 지붕은 자연재해에 더 많은 피해가 발생할 수 있으므로 주의가 필요하다.

2.6 설치 검토

　RWHS 설치를 검토하는 단계에서 다음의 체크리스트는 다음과 같다.

　Q1: 현재 제공되거나 사용하는 용수가 수질, 편의성, 신뢰성 등에 부적절한가?
　Q2: RWHS를 설치할 면적, 역량, 기간이 충분한가?
　Q3: 필요수량을 만족할 만한 지붕을 가지고 있거나 개량이 가능한가?

　RWHS를 사전조사 할 때 다음과 같은 제약사항을 조사해서 해결방안을 검토해야 한다. 만약 해결방안이 없다면, RWHS보다는 다른 용수원 적용여부를 고려해야 한다.
 - 식물의 줄기, 잎, 흙으로 만들어진 지붕이 단단하지 않은 경우
 - 지붕의 면적이 가구의 구성원에 비해서 너무나 부족한 경우
 - 물탱크를 설치할 공간이 부족하거나 이용자가 아닌 집주인이나 정부의 허가가 필요한 경우
 - 극심한 대기오염이 있는 경우
 - 병원과 같이 고도의 깨끗한 물을 필요로 하는 경우

가장 기초적인 적용 검토는 지붕의 현황에 따라 결정된다. <표 2.2>는 강수량과 설치될 RWHS의 용도에 따른 이용자 수에 따른 필요한 개략적인 지붕크기이다.

소형 물탱크는 오버플로우 유출률을 35%로 가정한 경우이고, 대형 물탱크는 오버플로우 유출률을 10%로 가정하였다. 지붕의 부족할 경우에는 물탱크 용량을 키우는 설계를 할 수 있다.

지붕의 면적 산출방법은 3장의 설계에서 자세히 설명하였다.

<표 2.2> 용도와 강수량에 따른 필요지붕면적(㎡/인)

RWHS 용도	물탱크 크기	강수량(mm)				
		700	1,000	1,500	2,000	>2,500
		필요 지붕 면적(㎡/인)				
단일용수(sole source) 용수의 95% 공급 20lcd	대형	14.5	10	6.5	5	4
	특대형	12	8	5.5	4	3
주요 용수(Main Source) 용수의 70% 공급 20lcd(우기), 14lcd(건기)	중형	11.5	8.5	5.5	4	3
	대형	9	6	3.5	3	2
우기용수(Wet season only) 우기의 용수수요량 95%	소형	8	5.5	4	3	2.5
	중형	6	4	2.5	2	1.5
음용(Potable water only) 연중 사용량 7lcd 95%	소형	6.5	4.5	3.5	2.5	2
	중형	5	3.5	2.5	1.5	1

* lcd = liter per capita per day(리터/1인당/1일)
[T.H Thomas and D.B. Marinson, 2007]

2.7 적용 절차

RWHS의 구상 및 설치인자, 설계, 관리까지의 일련의 단계는 <그림 2.2>와 같다.

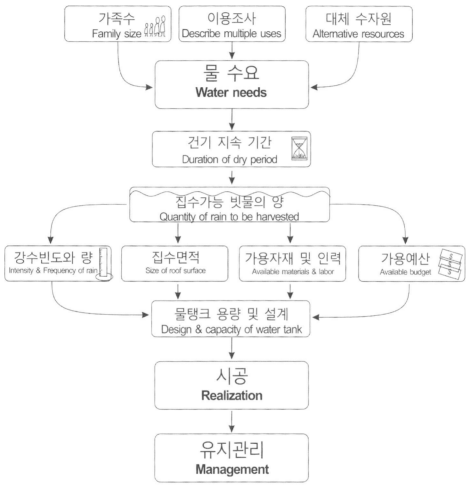

Modified from Janette Worm, Tim van Hattum, 2006

〈그림 2.2〉 RWHS 적용 단계

RWHS의 적용 단계를 보면 다음과 같은 과정으로 진행된다.

1) 가구의 구성원 수와 대체수원이 있는지, 용수를 이용할 용도를 파악해서 필요수량을
   결정한다.

2) 건기의 기간을 조사해서 RWHS 필요기간 등을 파악한다.

3) 지붕에서 얻을 수 있는 물의 양을 계산을 위해 강수량과 강수빈도, 지붕면적, 자재와 기술자의 수급, 감당할 수 있는 비용 등을 조사한다.

4) 조사된 자료를 이용해서 RWHS 세부설계와 물탱크의 크기를 결정한다.

5) 설계에 따라서 적정한 내구연한을 가지도록 시공 설치한다.

6) 설치 이후에는 적정한 교육 등을 통해서 관리 운영한다.

일련의 과정들은 순조롭게 진행되었을 경우에 단계적으로 나타나지만, 개발도상국에서 한 단계의 이동에 따르는 노력과 시간이 많이 소요되므로 단계별로 현지에 적합한 시간 계획 수립이 필요하다.

제3장 RWHS 설계

RWHS(빗물 집수 시스템)를 설계할 때 강수량, 지붕상태, 물탱크, 물이용 현황 등을 고려하지만, RWHS의 주요 설계 방향은 물탱크가 가장 많은 예산이 소요되므로 시행주체가 감당할 수 있는 최소비용으로 적절한 물탱크를 결정하는 것이다.

RWHS 설계를 단계별로 보면 <표 3.1>과 같이 5단계로 나누어 볼 수 있다.

〈표 3.1〉 RWHS 단계 설계

1단계	강수량과 필요수량 계산
2단계	집수부 효율과 면적 계산
3단계	이송부 설계
4단계	필요 저장부 용량 계산
5단계	적정 물탱크 종류 결정

3.1 필요수량과 강수량

3.1.1 필요수량 산출

가장 기초단계로 식(3)을 이용하여 RWHS를 사용할 가구의 필요수량을 결정하는 것이다.

필요수량 = 일인당 용수사용량 × 가구 구성원 수 × 365일 ·············· 식(3)

(Demand) = (Water use) × (Household Members) × 365Days

5명의 가구 구성원이 하루에 17리터를 평균적으로 사용한다면 일 년 동안 필요수량은 31,025리터가 된다.

일인당 용수사용량을 산정하는 것은 쉽지 않다. 어른과 어린이의 물 사용량이 다르고 건·우기, 계절, 지역마다 차이와 가족 구성원의 거주 시간에 따라 많은 차이가 나지만 개략적인 공식으로 계산하면 필요수량을 산출할 수 있다.

만약 자세한 물사용량이 필요할 경우는 먹는 물, 식자재 손질, 조리, 세면, 목욕용수, 개인 위생용수, 화장실 용수, 세탁용수, 설거지 용수 및 집 텃밭이나 동물사육용수까지 조사를 해서 적정한 필요수량을 결정할 수 있다.

3.1.2 강수량 자료

강수량 자료로 RWHS 최대 능력을 판단할 수 있다. 햇빛이나 바람에 의한 증발, 지붕의 틈을 통한 손실, 홈통에서 가득 차서 넘치는 오버플로우(Overflow) 등의 손실이 발생하지만 기후인자는 설계의 기본자료가 된다.

기상조건이 지역에 따라 많은 차이가 나고, 강수패턴과 월간분포 등은 중요한 설계인자이다. 일 년 동안 균등하게 비가 내리는 지역은 짧은 우기와 긴 건기가 있는 지역에 비해서 작은 비용의 시스템으로 설계할 수 있다. 강수량 총량과 더불어 강수 집중현상과, 우기 횟수 등은 설계에 영향을 미치는 중요한 인자들이다.

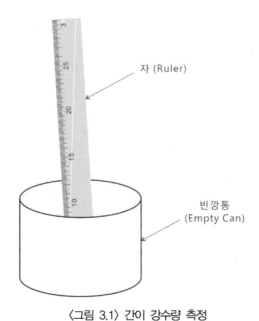

자 (Ruler)

빈 깡통
(Empty Can)

〈그림 3.1〉 간이 강수량 측정

기상인자는 다양한 방법과 경로로 자료를 얻을 수 있다. 정부에서 운영하는 기상청에서 강수량 자료를 얻을 수 있지만, 많은 개발도상국에는 기상관측소 숫자가 충분하지 않아서 강수량 통계가 아주 제한되어 있다. 기상청의 자료가 없거나 관측소와 너무 먼 경우 지방정부 수자원청과 같은 물 관련 기관이나, 지방 병원, NGO, 학교, 청문 등으로 개략적인 자료를 획득할 수도 있다.

획득한 자료와 현장의 실제 강수량과 비교하기 위해 간단한 방법으로 강수량을 측정할 수 있다. 설계기간 중에 <그림 3.1>과 같은 간이 우량계를 이용하여 현지 주민이 강수량을 기록하여, 일 년 이상의 자료를 획득한다면 현지에 가장 적합한 자료를 얻을 수 있다. 또한 청문조사를 통해서 현지지역의 강수패턴이나 홍수, 침수발생 여부 등 다양한 기후인자를 얻을 수 있다.

3.1.3 집수부 계산

지붕에서 얻을 수 있는 빗물의 양을 구하기 위하여 집수부(지붕)의 면적과 유출계수(run-off coefficient)로 계산한다. 경사진 집수부(지붕)의 면적을 <그림 3.2>와 같이 수직으로 평평하게 내려 바닥면적을 계산하면 RWHS에서 이용할 수 있는 집수부 면적이 산출된다.

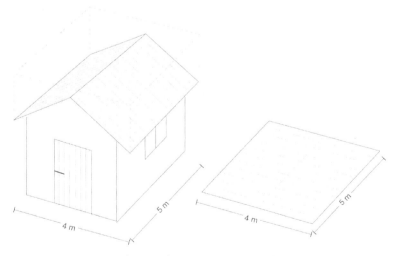

〈그림 3.2〉 지붕 바닥 면적 계산

유출계수(run-off coefficient)는 증발(evaporation), 누수(leakage), 넘침(overflow), 이동(transportation) 등에서 발생하는 손실계수이다. 지붕에서 운반되어서 이송부까지 손실이 없는 것을 1로 보면 아연도금 철판으로 만든 견고한 지붕의 유출계수는 0.9를 적용할 수 있다.

식(1)은 강수량(R)과 지붕의 바닥면적(A), 유출계수(Cr)를 고려할 때 지붕에서 얻어지는 빗물의 양을 계산한다.

$$Q = R \times A \times Cr \quad \cdots\cdots\cdots\cdots\cdots \quad 식(1)$$

Q : 지붕에서 빗물의 공급량
R : 연평균 강수량(m)
A : 지붕의 바닥면적(m^2)
Cr : 유출계수(run-off coefficient)

예를 들어

강수량이 500㎜/year(=0.5m/year)인 지역의

아연도금 지붕의 바닥 면적이 3m×4m = 12㎡인 곳에서

집수해서 공급 가능한 물의 양은 일 년에 5.4㎥이 된다.

Q = 0.5m/year×12㎡×0.9 = 5.4㎥/year

1년을 계절의 변화의 주기로 본다면 이 가구의 최대 물탱크 설치용량은 5.4㎥이다.

3.2 집수부 효율

이상적인 RWHS 지붕은 단단하고 깨끗하게 관리되어 녹슨 부분이 없는 것이 가장 이상적인 조건이다. 일반적인 지붕은 아연도금 주름 시트(galvanized corrugated iron sheet), 플라스틱 주름 시트, 기와(tile), 각종 식물의 줄기나 잎을 이용한 다양한 형태와 재질의 지붕을 사용하고 있다.

지붕의 재질이나 설치연도에 따라서 유출계수가 다르게 결정할 수 있다. <표 3.2>는 지붕 재질에 따라 적용 가능한 유출계수를 제시하였다. 지붕의 상태 등을 고려하여 현장에서 재질과 상태를 종합적으로 고려한 적절한 유출계수를 사용한다.

<표 3.2> 지붕 재질에 따른 유출계수

구 분	유출계수
아연도금 주름 시트(galvanized iron sheet)	> 0.9
기와(tiles)	0.6~0.9
알루미늄 시트(Aluminium Sheet)	0.8~0.9
평평한 시멘트 지붕	0.6~0.7
식물 줄기 잎 등(Organic)	0.2

지붕 재질은 유출계수와 더불어 수질을 결정하는 중요한 요소이다. 페인트가 칠해진 지붕은 페인트가 무독성인지 검토해야 하고 페인트 가루, 페인트 조각 등으로 오염가능성을 조사해야 한다. 납으로 방수처리를 한 지붕은 납중독의 위험이 발생할 수 있으므로 마시는 물로는 사용이 불가능하다. 석면섬유 슬라브 시트(asbestos fibre-cement roofs)는 여러 의견이 있다. 석면은 호흡기를 통한 발암성 물질이나 음용에 대해서는 발암성이 나타나지 않은 것으로 되어 있기 때문에 RWHS에서 이용을 해도 된다는 의견과 석면가루 등의 비산으로 암 발생을 유발할 수 있으므로, RWHS에 사용하지 말아야 된다는 의견이 있으므로 현장여건에 맞는 결정이 필요하다.

초가지붕(thatched roofs)은 야자(palm) 줄기나 바나나 잎 등을 이용해서 전통적인 방식으로 만든 것으로 견고함에 따라 빗물집수가 가능하지만, 풀로 만들어진 지붕으로 효율이 높은 RWHS를 만드는 것에는 무리가 있다. 초가지붕은 집수효율 이외에도 저장 시 미생물 오염 가능성이 높아 식수로는 부적합할 수 있다. 흙으로 만든 지붕도 대체적으로 좋은 품질의 빗물을 얻기는 어렵다. 모든 지역마다 지붕의 특성이 다르기 때문에 현장조사를 통해서 적정한 유출계수와 적용성을 검토해야 한다.

3.3 이송부 설계

이송부(delivery system)지붕에서 물탱크까지 빗물을 이동하는 시스템으로 홈통(gutter)과 연결파이프로 구성되며, 수질 관리를 위한 장치를 추가할 수 있다. 이송시스템은 다양한 재질과 방식으로 설계할 수 있다. 일반적으로 홈통은 아연(도금)철판을 사용하고 연결파이프는 PVC를 이용한다.

홈통은 아연(도금)철판으로 직접 제작하거나, 알루미늄판, 플라스틱 파이프, 방수천 등이 가능하지만 현장에 따라서는 대나무나 나무줄기, 바나나 잎 등으로도 사용할 수 있다. 시장에서 판매하는 플라스틱 홈통은 내구성은 좋지만 가격이 비싸다는 단점이 있다. 특히, 열대지방과 같이 강렬한 태양빛이 있는 지역에서는 플라스틱 홈통은 직사광선에도 견딜 수 있어야 한다. 주변의 커다란 나무나 바람의 방향 등을 고려하여 내구성을 가질 수 있는 설치위치 등 주변 여건을 고려하여야 한다.

최종적으로 설치된 지붕, 부지 및 경제적 여건을 고려하여 어떤 형태의 이송부를 설치할 것인지를 결정할 수 있다.

3.3.1 위치 및 적용에 따른 분류

지붕에 따른 홈통 설치형태에 따라 단순 홈통, 확장 홈통, 단일물탱크 홈통, 물탱크 확장 홈통으로 분류할 수 있다.

3.3.1.1 단순 홈통

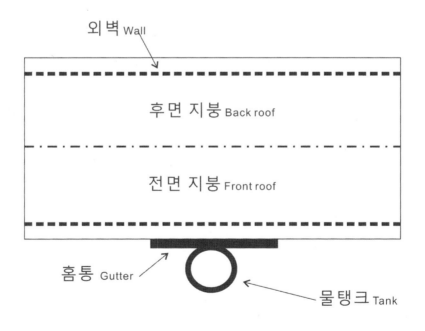

〈그림 3.3〉 단순 홈통

홈통을 최소로 설치하여, 지붕과 물탱크를 연결되는 구조로써 저렴한 예산으로 물을 얻을 수 있다. 그러나 지붕의 면적 중에서 너무나 작은 면적을 사용하므로 집수능력에 비해서 얻을 수 있는 수량이 한정적인 단점이 있다. 저렴한 비용으로 깨끗한 물을 얻을 수 있는 장점이 있으므로 우기에 간단하게 설치해서 이동하는 등 현장여건에 맞도록 적용할 수 있다.

3.3.1.2 확장 홈통

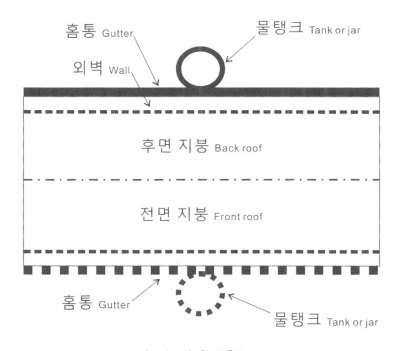

〈그림 3.4〉 확장 홈통

일반적으로 많이 이용되는 시스템으로 한쪽에 넓은 지붕면을 이용해서 홈통을 설치하고, 아래에 물탱크를 두는 구조이다. 이 구조는 집수면적을 활용하면서 경제적으로 홈통을 설치하여 최소한의 필요자재로 충당할 수 있는 장점이 있다.

초기에 많은 비용을 들일 필요 없이 쉽게 구할 수 있는 물항아리나 드럼통을 이용하여 홈통만 한쪽지붕에 설치하는 RWHS를 구성하는 것이다. 지붕 양쪽을 한꺼번에 연결할 경제적 여유가 없을 경우 한 개의 지붕을 먼저 설치하고, 경제적 여유가 생기면 순차적으로 남아 있는 지붕을 이용할 수 있다.

3.3.1.3 단일 물탱크 홈통

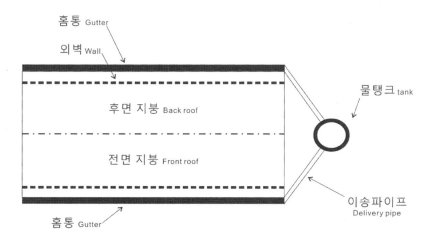

〈그림 3.5〉 단일 물탱크 홈통

모든 지붕면에 이송부를 연결하여 물탱크를 설치하는 구조로써 물탱크에 홈통을 모두 연결함으로써 집수용량을 완벽하게 이용할 수 있다.

공간이 부족할 경우에는 물탱크가 창문을 막아서 집안을 어둡게 만들 수 있는 공간적 제약이 발생할 수 있다. 적정한 홈통과 연결파이프 설치를 통해서 RWHS를 이용할 수 있다.

물탱크의 청결을 유지하기 위해서 부엌이나 목욕시설과는 떨어진 곳에 설치하는 것을 권장하고 홈통이 많이 설치되는 관계로 시공에 따라 집안 미관이 저해될 수 있다.

3.3.1.4 물탱크 확장 홈통

동남아시아에 가장 보편화된 시스템으로 여러 개의 항아리를 준비해서 비가 내릴 때 한 개씩 채워 보관하는 시스템이다. 경제적인 여력이 있을 때마다 항아리를 추가로 구매하거나, 지붕의 집수면적이 부족할 때는 홈통을 추가 설치하여 점진적으로 시스템 확장이 용이하다.

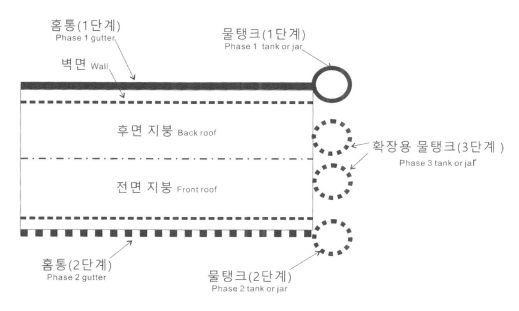

〈그림 3.6〉 물탱크 확장 홈통

3.3.1.5 단독 설치형 홈통

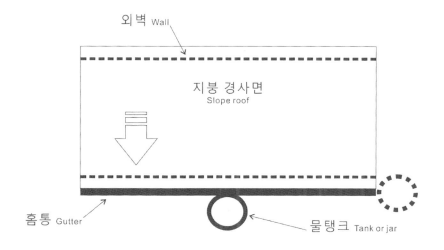

〈그림 3.7〉 단독 설치형 홈통

지붕이 한쪽 방향으로만 경사를 가진 경우에는 홈통의 설치도 최소화된다. 한쪽 방향으로 홈통을 설치하고, 물탱크를 지붕의 중간 지점이나 한쪽 끝에 물탱크를 설치할 수 있다.

RWHS를 적용에 한쪽 방향으로 경사진 지붕이 이송부 설치에 경제적으로 가장 큰 이점을 가진다.

3.3.2 홈통 적용성 계산

홈통(gutter)이 작으면 폭우가 내릴 때 홈통의 물이 넘쳐서 홈통 밖으로 유출이 발생한다. 폭우에서 넘치는 현상(overflow)을 최소화하기 위해서 적절한 크기의 홈통이 필요하다. 일반적으로 지붕면적 1m²당 홈통 단면적은 최소 1cm² 이상은 되어야 한다. 10cm의 지름을 가진 둥근 홈통(단면적 약 38cm²)은 지붕 면적이 40m² 이상인 곳에서는 충분하지 않다. 네모난 형태의 홈통 단면적 10cm²를 가진 곳은 지붕의 평면 면적이 100m²만큼 사용할 수 있다.

커다란 지붕을 가지고 있는 건물이나 학교에서는 14×14cm V자 형태 홈통은 98cm² 단면적을 가진다. 지붕 평면적이 길이 50m에 넓이 8m를 가진 지붕바닥 면적에 400m²에도 적용이 가능하다. 지붕이 넓다고 홈통을 무한정 크게 한다면 물의 무게로 홈통이 설치된 지붕이나 벽면의 파손이 발생하거나 커다란 홈통에 나뭇잎, 조류나 설치류의 배설물 관리에 어려움이 발생하므로 홈통의 설치 방향 및 연결부위 등의 검토가 필요하다.

홈통 경사는 1:100(수평거리 100cm에 말단부 수직거리 1cm)보다 경사가 더 급할 경우에는 지붕의 마지막 부분에 물이 튀는 보호막(splash guards)을 설치해서 V자 형태의 홈통에서 빗물이 외부로 떨어지는 것을 방지하도록 해야 한다.

1:100 경사는 정상류(steady flow)를 만들어서 식물의 잎이나 침전물이 홈통 막힘(blockage)을 줄일 수 있다.

홈통이나 연결파이프 시스템을 설계 시 고려해야 될 사항을 정리하면 아래와 같다.

1) 1m²의 지붕 면적에 홈통 단면적 1cm² 이상이 되어야 한다.
2) 알루미늄이나 아연도금과 같이 직사광선에 강하고 일정한 강도를 가지는 재질로 만들어야 한다.
3) 저장탱크로 연결되는 홈통은 경사가 있어야 한다. 1:100에서 1:300까지 경사가 점점 증가시켜 10~20%로 용수흐름을 증가시켜야 한다.

4) 이송부의 내구성을 높이고 자체강도 및 건물벽면의 파손을 방지하기 위해 벽면이 항상 건조하도록 설계한다.

만약 일반적인 가구의 지붕 면적이 60m²(10m×6m)라고 할 경우에 적용할 수 있는 홈통의 사양은 <표 3.3>과 같다

〈표 3.3〉 지붕 면적 60m²에 적용 가능한 홈통

모 양	지붕크기	경 사	단면적	재 원
사각형	40~100m²	0.3~0.5%	70cm²	7×10cm
반원형	40~60m²	0.3~0.5%	63cm²	125mm 지름
45도 V자	60m²	1.0%	113cm²	15cm 각 면

3.4 저장부 설계

물탱크의 크기를 결정하는 방법은 다양하지만 수요측면의 접근과 공급측면의 접근으로 볼 수 있다. 수요측면은 산출방법이 간단해서 광범위하게 사용하지만 미래에 대한 예측, 설계 예산 등을 고려하지 않는 단점이 있다. 공급적인 측면은 평균 강수량과 통계적인 방법으로 적용한 것이지만 자료가 정확하지 않을 경우에는 현실과 맞지 않는 결과가 나올 수 있다.

3.4.1 수요측면

수요측면 계산은 가구에 살거나 이용할 사람들의 필요수량으로 산출한 것이다. 건기(dry-season)기간이 분명하게 나타날 때 건기에 필요수량을 결정할 수 있다.

필요수량 = 1인당 용수사용량 × 가구 구성원 수 × 365일 ·············· 식(3)

식(3)은 일 년 동안 필요수량을 구하는 공식이다. 연간 필요수량을 12달로 나누면 월간 필요수량이 나온다. 월간 필요수량에 건기의 개월 수를 곱하면 필요한 물탱크의 용량이 산출된다.

필요 저장용량 = 필요수량 × 건기기간   ·············· 식(4)

(Required storage capacity) = (Demand) × (Dry period)

<예제>
아래의 가정에서 건기에 사용하기 위한 물탱크 용량을 수요측면에서 계산하라.
- 일 용수사용량: 20ℓ/인
- 가족구성원: 5명
- 건기기간(최장 평균 건기기간): 4개월(120일)
- 최소 물탱크 용량: T

먼저 식(3)을 이용하여 필요수량을 산출하면
필요수량 = 20ℓ×5명×365일 = 36,500ℓ/년
월별 필요수량 3,000ℓ/월 = 36,500ℓ/년/12개월

건기기간을 식(4)로 계산하면
건기에 필요한 최소물탱크 용량(T) = 4개월×3,000ℓ/월
물탱크 용량은 개략적으로 12,000ℓ가 계산된다.

단, 공식은 우기가 마치는 시기에 12,000ℓ의 물탱크에 채울 수 있는 강수량과 지붕이 있다는 가정에서 출발하였다. 만약 우기를 마치는 시점에서 12,000ℓ를 채울 수 없다면, 지붕의 면적을 넓히거나, 필요 없는 물탱크 용량을 줄여서 경제적으로 설치해야 한다.

건기기간은 평균 값을 사용하기 때문에 한 번씩 찾아오는 심각한 가뭄에는 해는 사용은 불편하지만 건기기간 이외에도 강수량 등 다른 기후인자에 좌우되므로 과도한 영향을 미치지 않는다. 수요측면 설계는 강수량 자료가 없는 지역에서 강수량으로 물탱크의 크기를 결정하지 어렵거나 간단하게 계산할 때 유용하지만, 강수량이 충분하고 지붕의 면적이 충분한 곳에서 적용해야 한다.

3.4.2 공급측면

공급을 최대로 하겠다는 관점으로 강수량과 지붕크기를 고려하여 적절한 물탱크를 결정하는 방법이다. 가장 합리적인 물량 계산방법이지만, 정확한 주간·일간 강수량 자료가 필요하다. 매달 강수량이 일정하지 않은 지역에서는 건기 중에 물탱크가 비어 버리는 일이 자주 발생하여 공급부족이 발생한다. 연중 충분한 양의 공급을 원한다면, 물탱크는 비

가 내리지 않는 기간 동안 가교역할을 한다. RWHS에서 가장 많은 비용을 차지하는 것이 물탱크이기 때문에 물탱크를 너무 크게 할 경우 경제적으로 무리가 되므로 적절한 설계가 필요하다. 공급적인 측면을 고려할 때, 강수량과 필요수량을 그래프나 엑셀 등을 이용해서 계산하면 적절한 물탱크 용량을 산출할 수 있다.

3.4.2.1 그래프를 이용한 물탱크 설계

강수량 자료를 그래프로 도시하여 다음과 같은 절차에 따라 물탱크용량을 설계할 수 있다.

1) 지붕의 유출계수를 적용하여 RWHS가 설치될 지역의 강수량 자료를 근거로 강수량을 막대그래프로 필요수량을 선형그래프로 그려서 수량이 부족한 월이 있는지를 확인한다(<그림 3.8> 참조).

2) 누적 공급수량을 막대그래프로 그린다(<그림 3.10> 참조).

3) 누적 공급수량 막대그래프에 누적 필요수량을 점선으로 그려서 가장 차이가 많이 나는 월과 차이가 가장 작은 월을 찾아 각각 차이를 계산한다(<그림 3.10> 참조).

4) 건기를 시작할 때 저장할 수 있는 최대 물량과 우기가 시작할 때 물탱크에 남아 있을 수 있는 잉여물량을 산출(건기 시작 시 저장한 최대물량 - 우기 시작 시 남아 있는 물량)해서 적절한 물탱크의 크기를 결정한다. 강수량 막대그래프와 필요수량의 선형그래프에서 우기가 처음 시작하는 달을 찾아서 우기가 시작하는 달부터 그래프에 첫 번째 달로 시작하도록 그리면 쉽게 값을 구할 수 있다. 예를 들어 (<그림 3.9>, <그림 3.11> 참조) 아 건조 지역에 강수량이 <표 3.4>와 같다고 이 지역은 4개월의 건기(6~9월)가 있고, 연간 총 강수량이 500㎜을 가지는 것을 알 수 있다. 1인당 20리터의 용수사용량(필요수량)을 가진 5명의 가구에서 20m × 5m의 견고한 아연도금 철판(시트) 지붕에서 물을 얻고자 할 때 적절할 물탱크의 크기를 구하면 다음과 같다.

〈표 3.4〉 월별 강수량 시나리오

월별	1월	2월	3월	4월	5월	6월
강수량(㎜)	111	89	56	22	11	-
월별	7월	8월	9월	10월	11월	12월
강수량(㎜)	-	-	-	33	67	111

$$\text{필요수량 = 1인당 용수 사용량} \times \text{가구구성원수} \times \text{365일} \cdots\cdots\cdots\cdots \text{식(3)}$$

식(3)과 같이 필요수량을 계산하면 다음과 같다.

36,500ℓ/year = 20ℓ × 5명 × 365day

36,500ℓ/year/12month = 3,042.7ℓ/month

로 월 필요수량은 약 3,000ℓ 이다.

아연도금철판으로 만들어진 견고한 지붕(20m × 5m)으로 가정하여 유출계수(0.9)를 적용하고, 지붕에서 공급되는 수량은 식(1)과 같이 계산하면 다음과 같다.

$$Q = R \times A \times Cr \qquad \cdots\cdots\cdots\cdots \text{식(1)}$$

Q : 지붕에서 빗물의 공급량   R : 연평균 강수량(m)
A : 지붕의 면적(㎡)   Cr : 유출계수(run-off coefficient)

연간 공급수량 45(㎥) = 0.5(m)×100(㎡)×0.9

월간 공급수량 3.74(㎥) = 45(㎥)/12month

일간 공급수량 123ℓ = 45(㎥)/365day

각각 평균값을 적용하면, 연간공급수량 45㎥이 나온다. 계산식에서 일년간 물을 전혀 사용하지 않고 모은다면 최대 물탱크 용량은 45㎥로 산출된다. 그러나, 실제로는 매일매일 사용하는 수량이 있고 건기기간과 우기의 부족한 기간을 위한 적절한 물탱크 용량을 산출해야 한다.

<그림 3.8>과 <그림 3.9>와 같이 월별 공급수량을 막대그래프로 나타내고, 필요수량을 점선으로 표시를 하면 적절한 물탱크 크기를 결정할 수 있다.

〈표 3.5〉 월별 강수량에 따른 아연도금철판 지붕 100㎡에서 공급수량과 5인가구 필요수량

월	강수량 (m)	유출 계수	지붕면적 20X5(㎡)	공급수량 (m3)	필요수량 (m3)
1	0.111	0.9	100	9.99	3.04
2	0.089	0.9	100	8.01	3.04
3	0.056	0.9	100	5.04	3.04
4	0.022	0.9	100	1.98	3.04
5	0.011	0.9	100	0.99	3.04
6	0	0.9	100	0	3.04
7	0	0.9	100	0	3.04
8	0	0.9	100	0	3.04
9	0	0.9	100	0	3.04
10	0.033	0.9	100	2.97	3.04
11	0.067	0.9	100	6.03	3.04
12	0.111	0.9	100	9.99	3.04

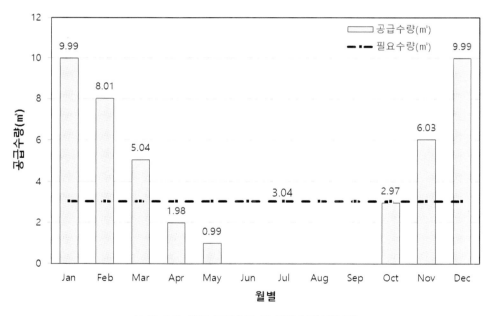

〈그림 3.8〉 월별 공급수량 및 필요수량(1월부터)

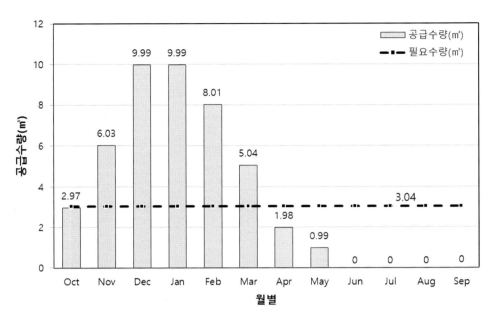

〈그림 3.9〉 월별 공급수량 및 필요수량(우기부터)

　일반적으로 우기와 건기가 나타나는 것을 본다면, <그림 3.8>과 같이 1월부터 시작하는 그래프보다 <그림 3.9>와 같이 물탱크가 완전히 비워지는 건기를 마지막 달로 보고, 물탱크가 채워지기 시작하는 우기가 시작하는 달부터 그래프로 그려서 해석하는 것이 효과적이다.

　대부분 공사를 비가 오지 않는 건기에 시작하기 때문에 처음 물탱크의 운영이 시작되는 시기가 설치 이후 첫 우기가 돌아오는 월이 된다. 만약 우기에 설치를 시작한다면 폭우로 인한 다리 파손, 도로 침수, 도로가 너무 미끄러워 화물차의 접근 어려움 등의 접근성이 나빠져서 물품수급이나 현장의 여건이 좋지 않아서 설치가 지연될 수 있으므로 건기에 작업을 시작하는 것이 효율적이다.

　<그림 3.8>(1월 시작)과 <그림 3.9>(우기부터)에서 누적공급수량을 막대그래프로 누적 필요수량을 점선으로 그리면 <그림 3.10>과 <그림 3.11>로 나타난다.

　물탱크 용량을 결정짓는 요인은 우기와 건기에 물이 모자라지 않도록 보관할 수 있는 적절한 용량이어야 하고, 건기 동안 필요수량을 완벽하게 공급하고, 일 필요수량을 충족하기 위해 비가 내리는 우기가 시작될 때에는 물탱크가 비워지는 것이 이상적인 용량이다.

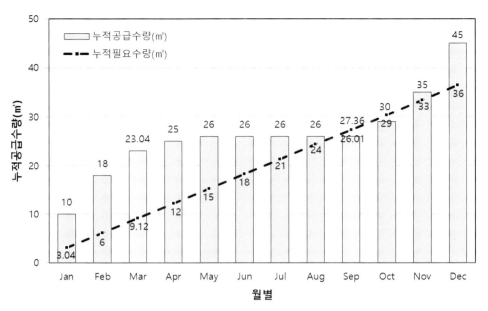

〈그림 3.10〉 누적 공급수량 및 누적 필요수량(1월부터)

　<그림 3.10>에서 적정한 물탱크 크기를 산정하면, 누적 공급수량(막대)과 누적 필요수량(점선)이 가장 큰 차이를 보이는 3월에 공급수량이 약 14㎥를 초과(23-29㎥)하였고, 건기가 마치는 9월에 누적 필요수량과 누적 공급수량에서 약 1㎥의 필요수량이 부족(27-26㎥)하기 때문에 누적 필요수량과 누적 공급수량의 차이가 가장 큰 달의 남는 물 14㎥과 건기를 마칠 때까지 부족한 1㎥을 더해서 15㎥ 정도의 물탱크가 적당한 것으로 나타났다.

물탱크 용량 = 건기시작전 초과공급수량 − 우기시작전 잉여공급수량 + 우기시작전 부족수량

※만약, 건기시작전 공급수량이 초과되지 않거나, 우기시작전 부족수량이 과다하다면, 지붕확장이나 우기용RWHS로 사용한다.

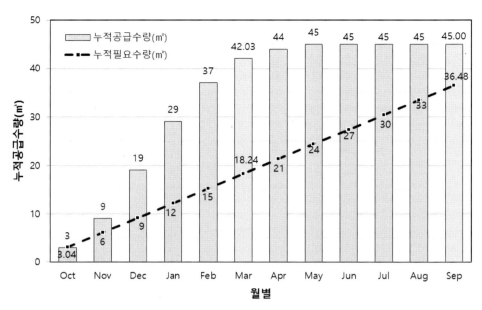

<그림 3.11> 누적 공급수량 및 누적 필요수량(우기부터)

<그림 3.11>에서 적정한 물탱크 크기를 산정하면, 누적 공급수량(막대)과 누적 필요수량(점선)이 가장 큰 차이를 보이는 3월의 초과(42 - 18m³)되는 공급수량은 약 24m³이고, 본격적인 건기가 시작되는 달인 6월부터 9월까지 누적 공급수량이 누적 필요수량을 초과하고 있다.

경제적인 물탱크의 설치를 위해서는 우기가 시작되기 직전 달인 9월에 남아 있는 9m³의 물은 남아 있을 필요가 없는 물량(45 -36 m³)이므로, 우기의 마지막에 남아 있는 물의 양을 고려하여, 24 - 9m³으로 15m³의 물탱크가 적당할 것으로 계산된다.

<그림 3.11>과 같이 우기가 시작하는 달(10월)을 기준으로 누적그래프를 그렸을 때 필요수량이 공급수량을 초과하는 현상이 10월에 발견된다면 공급수량을 늘이기 위해서 지붕의 크기, 대체수원, 1년 이후의 운영 등을 검토해야 한다.

또한 대우기와 소우기로 나누어지고, 건기의 구분이 어려운 곳에서는 엑셀을 이용한 분석이 편리하지만 그래프의 도시만으로도 적정한 물탱크 용량을 산출할 수 있다.

실제로 운영에서 안전율을 적용하여 큰 물탱크를 설계하면 좋겠지만, 개발도상국에서는 경제적인 것이 가장 중요한 인자이므로 예산과 설계를 적절히 고려하여 안전율 적용에 신중히 접근해야 한다.

3.4.2.2 스프레드시트를 이용한 물탱크 설계

그래프 분석 설계는 패턴을 이해할 수 있는 장점이 있지만, 월별로 자세한 수치분석을 하는 데 어려움이 있다. 엑셀, 한셀과 같은 컴퓨터 스프레드시트 소프트웨어를 이용해서 물탱크의 용량을 산술적으로 계산할 수 있다.

스프레드시트를 이용한 물탱크 설계 장점은 다음과 같다.

1) 대우기와 소우기와 같이 우기 및 건기가 구분이 다양하게 된 곳에서도 적용이 가능하다.

2) 필요수량에 대해서 계절별로 다르게 적용시킬 수 있다(실제의 우기와 건기에는 물 사용량이 달라지기 때문에 필요수량도 다르다).

3) 몇 년간의 예상되는 시뮬레이션을 가정해서 넣을 수 있는 장점이 있다.

4) 물탱크 크기에 따라서 물이 부족한 시기 등을 예상할 수 있으므로 운영프로그램 등을 제시하는 것이 쉽다.

<표 3.4>의 월별 강수량 조건을 가정하고, 100㎡의 아연도금철판 지붕에 5인 가구라고 가정하고 스프레드시트를 분석하면 <표 3.5>와 같다. <표 3.5>에 월별 공급수량에 물탱크에 남아 있는 수량을 더하고, 필요수량을 빼면, 물탱크에 저장되는 용량이 된다. 월별로 물탱크에 저장되는 수량의 최대는 물탱크 수량과 동일하게 된다. 물탱크 10㎥일 경우를 보면 <표 3.6>의 결과가 나온다. <표 3.6>에서 1월, 2월, 3월은 저장용량이 물탱크의 최대용량이 된다. 10월은 우기가 시작하는 첫 달이므로 계산상으로는 0.07㎡가 부족하지만, 물이 완전히 비워질 때는 물이 없다는 것을 알기 위해서 "0"을 적용하였다. 8월, 9월은 마이너스(-)의 값으로 되어 있지만, 물이 없는 경우에는 현실에서는 나타나지 않으므로 계산을 위한 것으로 보고 실제로는 물탱크가 완전히 비워지는 "0"이 된다. <표 3.6>에서 건기 동안에 얼마나 물이 부족할 것인지를 알기 위해서 마이너스(-)값을 그대로 두었다.

<그림 3.12>와 같이 차트로 나타내어 물탱크 변화를 적용하면, 10㎥ 물탱크는 우기에는 문제가 없으나 건기 3개월로 들어가는 8월이 되면 물탱크의 물을 모두 사용해서 건기 2개월간 용수가 부족해서 최종적으로 5톤의 물이 부족할 것으로 나타났다.

〈표 3.6〉 물탱크 10㎥을 설치했을 경우

월	강수량 (m)	유출 계수	지붕면적 20X5(㎡)	공급 수량	필요수량 (㎥)	저장수량	물탱크수량 10
10	0.033	0.9	100	2.97	3.04	-0.07	0.00
11	0.067	0.9	100	6.03	3.04	2.99	2.99
12	0.111	0.9	100	9.99	3.04	6.95	9.94
1	0.111	0.9	100	9.99	3.04	6.95	10
2	0.089	0.9	100	8.01	3.04	4.97	10
3	0.056	0.9	100	5.04	3.04	2.00	10
4	0.022	0.9	100	1.98	3.04	-1.06	8.94
5	0.011	0.9	100	0.99	3.04	-2.05	6.89
6	0	0.9	100	0	3.04	-3.04	3.85
7	0	0.9	100	0	3.04	-3.04	0.81
8	0	0.9	100	0	3.04	-3.04	-2.23
9	0	0.9	100	0	3.04	-3.04	-5.27

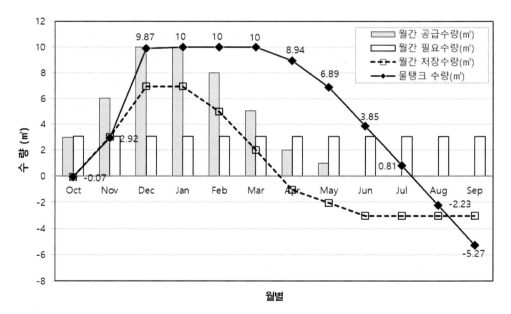

〈그림 3.12〉 물탱크 10㎥을 설치할 경우

〈표 3.7〉 물탱크 15㎥을 설치했을 경우

월	강수량 (m)	유출 계수	지붕면적 20X5(㎡)	공급 수량	필요수량 (㎥)	저장수량	물탱크수량 15
10	0.033	0.9	100	2.97	3.04	-0.07	0.00
11	0.067	0.9	100	6.03	3.04	2.99	2.99
12	0.111	0.9	100	9.99	3.04	6.95	9.94
1	0.111	0.9	100	9.99	3.04	6.95	15
2	0.089	0.9	100	8.01	3.04	4.97	15
3	0.056	0.9	100	5.04	3.04	2.00	15
4	0.022	0.9	100	1.98	3.04	-1.06	13.94
5	0.011	0.9	100	0.99	3.04	-2.05	11.89
6	0	0.9	100	0	3.04	-3.04	8.85
7	0	0.9	100	0	3.04	-3.04	5.81
8	0	0.9	100	0	3.04	-3.04	2.77
9	0	0.9	100	0	3.04	-3.04	-0.27

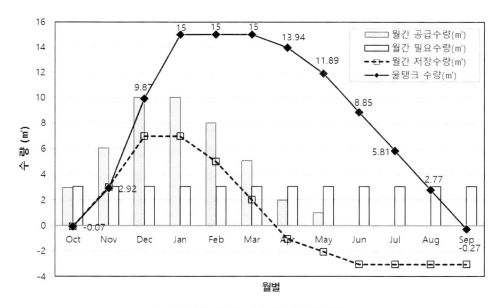

〈그림 3.13〉 물탱크 15㎥을 설치할 경우

<표 3.7>과 <그림 3.13>은 물탱크를 15㎥을 설치했을 때 나타나는 물탱크 변화를 적용한 것으로 15㎥의 경우에는 건기의 마지막 달(9월)에 약 270ℓ/가 부족하다고 나오지만, 상대적으로 작은 수량이고 건기가 시작되면 물 사용량이 줄어들어서 우기와 건기가 필요 수량이 동일하지 않기 때문에 15㎥이 가장 경제적이고, 적정하다. 만약, 15㎥ 이상의 물탱크를 적용하면 투입비용에 대비 효과가 높지 않을 것으로 판단된다.

스프레드시트를 이용하면, 몇 년간을 예측해서 물탱크 변화를 적용할 수 있다. <그림 3.14>와 같이 15㎥을 적용한다면, 건기의 마지막 달(9월)에 음(-)의 값이 몇 년이 지나면 점점 늘어나서 물탱크의 수량이 줄어드는 것으로 나타날 수 있으나 다년간의 물 소요량 분석을 할 때 스프레드시트에 나오는 음(-)의 값을 "0"으로 대입해서 자연현상에서 발생하지 않는 현상이 다음해에 영향을 미치지 않도록 해야 한다.

스프레드시트 분석 최대 장점은 <그림 3.14>와 같이 다년간의 변화량을 분석할 수 있고, 연간 강수 패턴이 일정하지 않을 경우 몇 년 동안 다양한 월별 강수량 자료를 적용하여 검토할 수 있다.

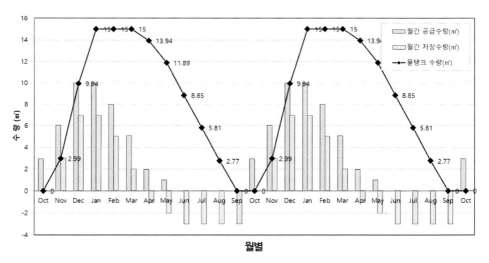

〈그림 3.14〉 물탱크 15㎥을 설치할 경우 2년간의 변화량

똑같은 500mm 강수량이라고 하더라도 <그림 3.15>와 같이 일 년에 우기가 2번(소우기[10∼11월], 대우기[5∼7월])을 가정할 때에는 스프레드시트에 월별 자료 입력으로 계산식에 따른 그래프를 분석하면 어떤 용량의 적합한지 간편하게 계산할 수 있다.

<그림 3.15>는 동일한 연간 강수량이라고 할지라도 대우기와 소우기로 나누어진 지역에 10㎡ 물탱크를 적용하여 5인 가족이 월간 필요수량이 3.04m³이라고 가정하면 우기가 2회로 나누어지기 때문에 물탱크를 보충할 여유가 있어, 한 번의 우기가 있는 것보다 물탱크 용량은 작으면서도 더 여유롭게 이용할 수 있다.

<그림 3.15>와 같이 장기적인 분석을 하기 위해서는 엑셀시트를 이용하면 된다. 엑셀시트에 들어가는 수식은 <그림 3.16>과 같다. 여기에 들어간 수식이나 현황에 따라 지역여건에 따라 변형하여 적절하게 설계할 수 있다.

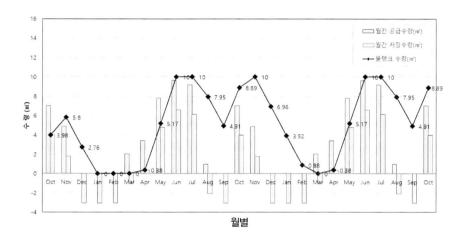

〈그림 3.15〉 일 년에 우기 2번을 가정할 경우 2년간 모델링 결과

<그림 3.16>은 엑셀과 같은 스프레드시트에서 적용할 수 있는 수식을 나타낸 것으로 엑셀의 셀이나 수식을 변형시켜 지역여건에 가장 적합한 설계를 할 수 있다. 그림에서는 1년을 계산하였지만 서식에 따라서 계속해서 같은 형식으로 내려가면 몇 년 동안의 변화를 적용할 수 있다.

이때 설치지역에 몇 년간의 자료가 있으면 변동되는 자료를 넣어서 시뮬레이션을 할 수 있다. 장기 시뮬레이션에서 주의할 점은 물탱크에 남아 있는 마이너스(-)값은 물탱크가 완전히 비워지는 것이므로 최종적인 시뮬레이션과정에서 마이너스(-)값을 "0"으로 넣어서 대입해야만 현실에 적합한 결과가 나온다.

강수량이 아주 작거나, 이슬비 형태로 짧고 자주 내린다면 실제 집수되어 저장탱크로 들어가지 못하고, 초기우수로 내제 되므로 강수특성을 고려하여 모델링된 결과를 이용한다.

월	강수량 (m)	유출 계수	지붕 면적 (m³)	공급수량 (m³/월)	필요수량 (m³/월)	저장수량 (m³/월)	물탱크의 크기 직접입력
							10 ← 물이 물탱크에 저장되는 첫달
10	0.033	0.9	100	=B2*C2*D2	=TRUNC((20*5*365)/12*0.001,2)	=E2-F2	=IF(G2<0,0,G2) ←
11	0.067	0.9	100	=B3*C3*D3	=TRUNC((20*5*365)/12*0.001,2)	=E3-F3	=IF(G3>H1,H1,IF(H2+G3>H1,H1,H2+G3))
12	0.111	0.9	100	=B4*C4*D4	=TRUNC((20*5*365)/12*0.001,2)	=E4-F4	=IF(G4>H1,H1,IF(H3+G4>H1,H1,H3+G4))
1	0.111	0.9	100	=B5*C5*D5	=TRUNC((20*5*365)/12*0.001,2)	=E5-F5	=IF(G5>H1,H1,IF(H4+G5>H1,H1,H4+G5))
2	0.89	0.9	100	=B6*C6*D6	=TRUNC((20*5*365)/12*0.001,2)	=E6-F6	=IF(G6>H1,H1,IF(H5+G6>H1,H1,H5+G6))
3	0.056	0.9	100	=B7*C7*D7	=TRUNC((20*5*365)/12*0.001,2)	=E7-F7	=IF(G7>H1,H1,IF(H6+G7>H1,H1,H6+G7))
4	0.022	0.9	100	=B8*C8*D8	=TRUNC((20*5*365)/12*0.001,2)	=E8-F8	=IF(G8>H1,H1,IF(H7+G8>H1,H1,H7+G8))
5	0.011	0.9	100	=B9*C9*D9	=TRUNC((20*5*365)/12*0.001,2)	=E9-F9	=IF(G9>H1,H1,IF(H8+G9>H1,H1,H8+G9))
6	0	0.9	100	=B10*C10*D10	=TRUNC((20*5*365)/12*0.001,2)	=E10-F10	=IF(G10>H1,H1,IF(H9+G10>H1,H1,H9+G10))
7	0	0.9	100	=B11*C11*D11	=TRUNC((20*5*365)/12*0.001,2)	=E11-F11	=IF(G11>H1,H1,IF(H10+G11>H1,H1,H10+G11))
8	0	0.9	100	=B12*C12*D12	=TRUNC((20*5*365)/12*0.001,2)	=E12-F12	=IF(G12>H1,H1,IF(H11+G12>H1,H1,H11+G12))
9	0	0.9	100	=B13*C13*D13	=TRUNC((20*5*365)/12*0.001,2)	=E13-F13	=IF(G13>H1,H1,IF(H12+G13>H1,H1,H12+G13))

〈그림 3.16〉 엑셀에서 적용한 수식 예시

<그림 3.16>에 적용된 열의 값은 다음과 같다.

A열(월): RWHS 운영이 시작되는 첫 달부터 적용한다.

B열(강수량): 평균월강수량을 적용한다(주 단위나 몇 년간의 월강수량을 계속해서 집어넣어서 시뮬레이션 할 수 있다).

C열(유출계수): 지붕특성에 맞는 유출계수를 적용한다.

D열(지붕면적): 지붕의 크기에 맞도록 계산해서 적용한다.

E열(공급수량): 강수량×유출계수×지붕면적

F열[필요수량(m³)]: 가족구성원의 총 필요수량(인당 일 필요수량(20ℓ)×5인×365일)/12개월×0.001)

* trunc: 맨 뒤에 적용된 숫자에 맞추어 소수점 자리에서 버림

** 0.001: 리터(ℓ)를 톤(m³)으로 변환시켜주는 계수

G열(저장수량): 필요수량－공급수량: 월별 지붕에서 얻은 물을 사용하고 남은 물, 궁극적으로 저장탱크에 보낼 수 있는 용량, 공급수량이 부족할 경우에는 음(-)의 값이 나오도록 했다.

H열(물탱크에 있는 물의 양: 누적 저장수량): 물탱크에 남아 있는 총수량은 물탱크 크기를 초과할 수 없다.

1행: 차트나 물탱크의 수량 패턴을 보면서 물탱크 크기를 직접 입력한다. H2번 아래로 0이 발생하지 않는 것이 가장 적절한 물탱크 크기이다.

2행: RWHS가 설치되고 난 이후에 첫 번째 달의 물탱크에 있는 것으로써, 0 이하일 경우에는 0을 적용하는 것이 적절하다.

3~13행: 전달에 비어 있는 물탱크의 양+저장수량(소진 시 (-)), 단 물탱크의 크기보다는 작아야 한다.

*** H열에서 음(-)의 값이 있는 경우: 실제로는 비어 있는 물탱크에서 용수의 양이 음(-)으로 갈수는 없으나, 이곳에서는 수학적인 계산을 쉽게 하기 위해서 적용되어 있다. 물탱크의 크기를 그 이상 규모로 더 높이지 못할 경우에는 음(-)의 값을 0으로 적용하는 경우가 타당하다.

3.5 물탱크 세부설계

앞에서 언급된 항목은 물탱크 용량 설계과정을 설명했다. 물탱크 크기를 결정한 후, 물탱크 형태는 지역 특성과 경제적인 여건에 따라 결정해야 한다. 지역에 따라 적용 가능한 다양한 재질과 형태가 있으므로 현장조사 단계부터 검토를 해야 한다. 저장부에 대한 추가적인 설명은 6, 7, 8장에 자세히 기술되어 있다.

현지여건을 조사해서 기술력, 예산, 자재수급, 주민 관리능력 등을 종합적으로 고려해서 적합한 형태의 물탱크를 결정하여야 한다.

3.6 설계 유의사항

개발도상국에서 RWHS 설계를 할 때, 해외사업 경험이 많지 않은 선진국의 기술자는 설계기준을 현지가 아닌, 본인이 살아온 곳을 기준으로 방향을 결정하는 경우가 있다. 현지에서는 블록물탱크가 가장 적정하지만, 설계자가 가장 많이 보았고, 내구성 등에 도움이 되는 플라스틱 물탱크를 고집하거나 상품의 품질이나 A/S, 기술력은 고려하지 않고, 가장 좋은 것을 고집하는 설계자들을 자주 만나게 된다.

그 지역의 일 년간 변화나 종교적 특수성, 부족 갈등 등 다양한 사회문화적 요인까지 고려해서 설계를 해야 한다. RWHS는 많은 양의 용수를 공급 못하는 단점과 더불어 공급자가 작아서 고려사항이 줄어드는 장점이 있다.

개발도상국의 경우에는 많은 변수가 있기 때문에 앞에서 언급한 사항들은 수학적이거나 통계를 근거로 만들어진 결과 값을 맹신하기 보다는, 제품이나 수리지연 등 많은 변수와 같은 현지 여건을 면밀히 파악하여 현장여건이 설계에 반영해야 한다.

가까운 곳의 강수량 자료를 이용하였지만, 실제의 강수분포 현황은 사용하였던 강수량 자료와 전혀 다른 형태를 띠고 있을 수 있으므로 현지전문가나 지역주면의 청문조사가 필수적이다. 개발도상국의 강수량 자료에서는 측량치의 결측, 장비고장, 지형적인 오차 등에서 많이 차이가 발생할 수 있으므로, 현장에서 강수량 자료에 대한 신뢰도를 판단하여야 한다.

또한 현장에서 지역주민들이 오랫동안 사용해오던 전통적인 용수해결 방법이나 물 이용 형태를 파악하면 설계에 많은 도움이 될 것이다.

가격조사도 인플레이션 등을 고려해서 계절별 제품 수급현황 등 종합적인 검토가 필요하다. 설계단계에서 현지 기술자의 검토과정을 거친다면 많은 도움과 예상치 못한 변수가 발생하는 설계오류를 방지할 것이다.

RWHS의 구조

제4장 집수부(catchment)

일반적으로 RWSH(빗물집수 시스템) 집수부(catchment)는 각 가정이나 필요시설에 설치된 지붕(roof)을 이용한다. 지붕은 공중에서 떨어지는 빗물을 받는 1차적인 시설로써 재질과 형태에 따라서 공급물량이 차이가 발생한다. 설계량에 비해 지붕 면적이 더 필요할 경우에는 지붕 확장이나 지붕 개량을 통해서 집수 효율을 높일 수 있다.

개발도상국에서 RWHS를 적용할 때는 지원대상가구나 사업대상지역 기초조사에서 마을의 지붕 현황조사가 필요하다.

4.1 지붕 조건

RWHS를 설치할 지붕 요건으로는 홈통(gutter) 연결이 용이하고 인체에 무해한 불투수성 재질이어야 한다.

홈통 연결은 지붕과 건물 자체에 문제가 되는지를 파악해야 된다. 지붕을 이루는 재질에 따른 일반적인 유출계수와 특징을 가진다. 아연도금 주름시트는 견고한 지붕 뼈대에서 강한 바람을 견딜 수 있지만, 폴리에틸렌시트나 타포린(tarpayline: 방수포)은 약한 지붕 뼈대에도 설치 가능하지만 강한 바람에는 문제가 발생할 수 있다. 플라스틱 재질 지붕은 건기에 햇빛과 바람에서 날아오는 먼지 등으로 내구성이 약해질 수 있다. 식물의 잎과 줄기를 이용한 지붕 위에 방수를 위해서 플라스틱이나 방수천을 이용하여 덧입히는 방식은 자연통풍을 방해해서 식물의 잎과 줄기가 썩을 수 있으므로 권장하지 않는다.

<표 4.1> 지붕 재질에 따른 유출계수 및 특징

구 분	유출계수	특 징
아연도금 시트 Galvanized Iron Sheet	>0.9	- 표면이 부드럽고 직사광선에 높은 온도로 박테리아를 저감시켜 좋은 수질을 얻을 수 있다. - 도색이 된 것은 내구성에 따라 찌꺼기가 발생할 수 있다.
기와 Tiles	0.6~0.9	- 표면처리된 것은 좋은 수질을 얻을 수 있지만 연결부위에서 오염이 될 수 있다.
석면 시트 Asbestos Sheet	0.8~0.9	- 새로운 시트는 좋은 수질을 얻을 수 있지만 오래될수록 이끼, 공극, 깨어짐이 발생해서 유출계수를 낮춘다. - 호흡계 발암물질로 알려져 있다.
식물 잎 또는 줄기 Organic	0.2	- 초기 세척효과와 필터링효율이 낮아 수질이 불량하다.

4.2 주변 환경

RWHS 설치를 위해서는 지붕 주변 환경을 고려해야 한다. 지붕 주위에 커다란 나무가 있다면, 지붕에 떨어지는 빗물을 방해해서, 지붕의 집수면적이 줄어들 수 있고, 나뭇잎이나 이물질이 나무에서 지붕에 떨어질 수 있다. 커다란 나무에는 조류나 설치류 등 다양한 동물들이 거주할 수 있으므로, 동물 배설물에 의해 지붕이 오염될 가능성이 높다. 나무에서 떨어진 물이 지붕으로 떨어질 경우에는 초기 세척수 배제장치의 필요용량을 증가시켜 설치비용이 더 많이 필요하다.

지붕 주변에는 아무런 나무나 건물들이 없는 것이 가장 좋으나, 불가피하게 나무가 있는 곳에 RWHS를 설치한다면 나뭇가지 정리와 더불어 주변의 나뭇잎이나 가지 등을 지속적으로 관리하도록 해야 한다.

4.3 지표 집수부

지붕 면적이 넓지 않지만 넓은 나대지가 있는 곳에서는 지표면을 이용해서 빗물을 집수할 수 있다. 지표면 집수부는 눈으로 볼 수 있고, 접근이 용이해서 표면오염이 확인될 경우 즉시 제거할 수 있는 장점이 있다.

지붕에 비해서 여분의 땅만 있다면 다양한 형태의 적용이 가능하다. 지표면을 직접 이용하거나 지표면에 방수천을 깔아서 적용할 수도 있다. 지표면 집수부를 이용하는 경우에는 식수로 사용하기보다는 생활용수나 농작물을 위한 농업용수에 광범위하게 적용할 수 있다.

인근에 큰 바위가 있을 경우에는 바위에 물이 흐르는 방향이 일정하도록 콘크리트 작업이나 돌을 깨는 등의 석공작업을 통해서 바위를 활용한 RWHS로 적용할 수 있다.

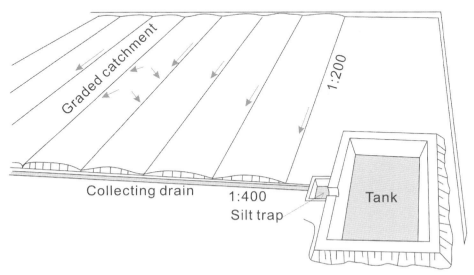

Modified from John Mbugaus, SCWA Rainwater harvesting

〈그림 4.1〉 대규모 지표 집수장치

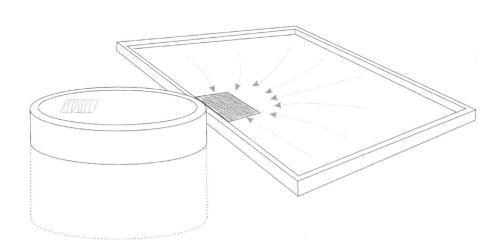

Modified from John Mbugaus, SCWA Rainwater harvesting

〈그림 4.2〉 소규모 지표 집수장치

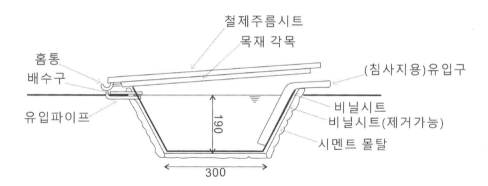

철제주름시트
목재 각목
홈통
배수구
(침사지용)유입구
유입파이프
190
비닐시트
비닐시트(제거가능)
시멘트 몰탈
300

Modified from Prinz, 2010

〈그림 4.3〉 북부 리비아 농촌지역의 30㎥ RWHS

〈그림 4.4〉 지표면 빗물 이용 물탱크(에티오피아)

4.4 집수부 개보수 검토

집수부는 이송부, 저장부에 비해서 개선범위가 한정되어 있다. 지붕 개선에 따른 공사비가 많이 들기 때문에 지붕까지 보수를 하고 RWHS를 적용하기엔 제약이 많이 따른다.

지붕 개량이나 보수는 지역의 전통적인 지붕 설치 방식을 조사하면 지역 특성을 알 수 있다. 지붕 개보수를 설계할 경우에는 지역 엔지니어의 도움을 받아서 경제적이고 효율적인 방법을 찾아야 될 것이다.

지붕에 소규모적인 수리가 필요할 경우에는 큰 문제가 없으나, <그림 4.5>와 <그림 4.6>과 같이 초가지붕에서는 적극적인 RWHS를 설치하는 것은 무리가 있다.

또한 <그림 4.7>과 <그림 4.8>과 같이 녹이 발생된 지붕에서는 녹이 빗물과 같이 유입될 수 있으므로, 지붕 개량을 고려하거나, 초기우수 배제 장치의 용량을 높여서 사용할수 있다.

<그림 4.7>과 같이 지붕 처마부분이 구조적인 안정성이 떨어지는 곳에서는 홈통이나 부착될 다른 부품들의 무게, 물의 무게 등을 고려하여 적정한 구조보강을 검토할 수 있다.

〈그림 4.5〉 초가집(탄자니아)

〈그림 4.6〉 초가지붕(탄자니아)

〈그림 4.7〉 녹 발생과 처마부분의 안정성 검토가 필요한 지붕(케냐)

사진: 이정철

〈그림 4.8〉 녹 발생된 철재시트 지붕(탄자니아)

제5장 이송부(delivery)

　이송부(delivery)는 홈통(gutter)과 연결 파이프로, 집수부(지붕)에서 받은 물을 저장부(물탱크)로 이동시키는 역할을 한다. 선진국의 홈통은 비가 내릴 때 벽면 오염을 방지하거나, 지붕에서 떨어지는 물로 집의 지표바닥이 파여지는 것을 방지하거나, 고여 있는 물로 철제 부식을 방지하기 위한 배수 목적으로 홈통을 설치한다. 개발도상국가에서는 홈통이 비싸고, 비가 내린 후 강렬한 햇빛과 바람으로 빨리 증발·건조되므로 지붕이나 주변 자재에 부식이 상대적으로 낮아서 홈통을 설치하지 않고 있다. 비가 많이 내리는 지역에서는 지붕의 끝단을 지표면 근처까지 최대한 내려서 거리를 최소화해서 배수가 빨리 되는 것이 전통적인 가옥형식이다.

〈그림 5.1〉 홈통과 이송 파이프(캄보디아)

사진: 이정철

〈그림 5.2〉 홈통과 이송 파이프(탄자니아)

사진: 이정철

〈그림 5.3〉 이송 파이프(탄자니아)

〈그림 5.4〉 홈통과 이송 파이프(아르헨티나)

〈그림 5.5〉 홈통(아르헨티나)

5.1 홈통 크기

　홈통은 지붕에서 공급되는 용수 손실을 최소화하면서 저장부로 이동하는 것이 가장 중요한 인자이지만, 너무 큰 홈통은 경제적인 부담과 과도한 하중으로 지붕이나 벽면의 파손위험이 있다. 너무 작은 홈통은 지붕에서 공급되는 용수 손실이 많이 발생되므로 적절한 형태와 크기가 필요하다.

　홈통은 단면적(A), 넓이(W), 둘레(P)에 따른 형태와 모양에 따라 다양하게 검토할 수 있다.

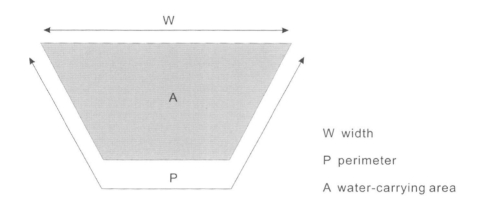

〈그림 5.6〉 홈통 단면(사다리꼴 홈통)

　홈통 형태에 따라 단면적이 달라진다. <표 5.1>~<표 5.3>은 너비 12cm 함석판으로 홈통을 제작한다고 가정할 경우 모양과 형태에 따라서 단면적을 계산하였다. 현장에서 작업자 숙련도, 작업 용이성, 단면적(A) 등을 종합적으로 고려하여 홈통 형태를 결정한다.

〈표 5.1〉 너비 12cm로 함석판으로 만든 사각형 홈통의 높이와 넓이에 따른 단면적

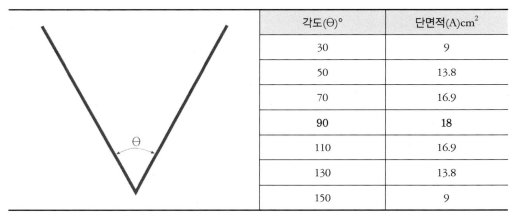

높이(h)cm	넓이(w)cm	단면적$(A)cm^2$
1	10	10
2	8	16
3	6	18
4	4	16
5	2	10

〈표 5.2〉 너비 12cm로 함석판으로 만든 V자형 홈통의 각도에 따른 단면적

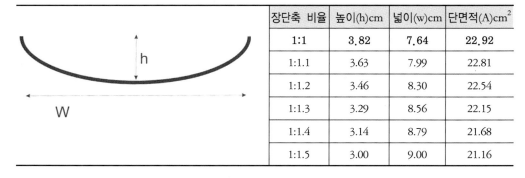

각도$(\Theta)°$	단면적$(A)cm^2$
30	9
50	13.8
70	16.9
90	18
110	16.9
130	13.8
150	9

〈표 5.3〉 너비 12cm로 함석판으로 만든 타원형 홈통의 높이와 넓이에 따른 단면적

장단축 비율	높이(h)cm	넓이(w)cm	단면적$(A)cm^2$
1:1	3.82	7.64	22.92
1:1.1	3.63	7.99	22.81
1:1.2	3.46	8.30	22.54
1:1.3	3.29	8.56	22.15
1:1.4	3.14	8.79	21.68
1:1.5	3.00	9.00	21.16

〈표 5.4〉 너비 12cm로 함석판으로 만든 사다리꼴 홈통의 높이와 넓이, 각도에 따른 단면적

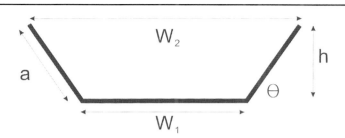

a cm	Θ cm	h cm	W1 cm	W2 cm	단면적 cm^2
3	25	1.27	6	11.44	11.05
3	35	1.72	6	10.91	14.55
3	45	2.12	6	10.24	17.23
3	55	2.46	6	9.44	18.97
3	65	2.72	6	8.54	19.76
3	75	2.90	6	7.55	19.64
3	85	2.99	6	6.52	18.71
4	25	1.69	4	11.25	12.89
4	35	2.29	4	10.55	16.69
4	45	2.83	4	9.66	19.31
4	55	3.28	4	8.59	20.62
4	65	3.63	4	7.38	20.63
4	75	3.86	4	6.07	19.45
4	85	3.98	4	4.70	17.33
5	25	2.11	2	11.06	13.80
5	35	2.87	2	10.19	17.48
5	45	3.54	2	9.07	19.57
5	55	4.10	2	7.74	19.94
5	65	4.53	2	6.23	18.64
5	75	4.83	2	4.59	15.91
5	85	4.98	2	2.87	12.13

<표 5.1>~<표 5.4>는 넓이 12cm 함석판으로 다양한 형태의 홈통을 만들었을 때 단면적을 계산한 것으로 타원형, 사다리꼴, V자 형태 순으로 홈통 단면적이 넓은 것으로 나타났다.

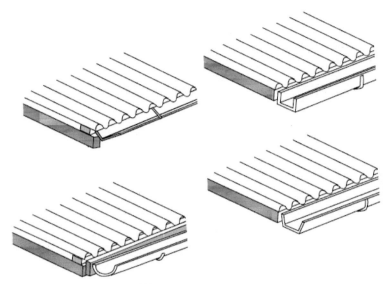

modified from Janette Worm, Tim van Hattum, 2006

〈그림 5.7〉 홈통의 다양한 형태

〈표 5.5〉 형태별 홈통 장단점

형 태	장 점	단 점
직사각형	설치가 용이, 제작이 용이	모서리 부분에 이물질이 낌.
타원형	설치가 용이, PVC 파이프를 구매해서 절반을 잘라서 사용하기 쉬움.	철판을 이용하면 완전한 원형을 이루는 작업을 하는 데 기술자의 도움이 필요
V자형	제작이 용이	겹치는 홈에 이물질이 잘 낌.
사다리꼴	제작이 용이하고 단면적이 넓음.	설치가 어려움.

타원형 형태가 가장 넓은 단면적을 가지지만, 타원형을 만들기 위해서 둥근 형태의 틀에서 두드려야 하고, 홈통 지지대를 만드는 어려움과 제작과정에서 중심으로부터 균형을 잡아야 하는 어려움이 있을 수 있다. 또한 원형의 형태는 다른 각이 있는 형태에 비해서 숙련된 기술자가 필요하다.

사다리꼴 형태는 적당한 시공 난이도를 가지고 있지만, 지붕이나 벽면에 고정하는 지지대를 어떻게 부착할 것인지 검토해야 한다.

시공이 가장 쉬운 것은 V자 홈통으로 제작이 편리하고, 철사 등으로 고정할 수 있는 장점이 있으나 접히는 부분에 흙먼지, 이물질 등이 쉽게 쌓이는 단점이 있어 주기적인 관리가 필요하다.

5.2 홈통 재질

홈통은 <그림 5.7>에서 보는 것과 같이 둥근형, 네모형, V자형으로 만들고, 끝 부분을 개방형(open)이나 폐쇄형(close)으로 만들 수 있다.

홈통은 배관공이 현장에서 만들거나 작업장에서 만들 수 있지만, 공장에서 생산된 홈통은 현장에서 만드는 홈통보다 비싸고, 운반과정 등에 어려움이 있다. 현장에서는 만들기 쉬운 V자 형태를 주로 만들고 있다.

대나무나 나무로 만든 홈통은 저렴하지만 내구성, 부패성, 미세한 틈으로 물이 새는 문제가 발생할 수 있다. 또한 식물에는 표면에 미세한 공극이 존재하고 이들 공극에는 박테리아나 각종 오염물질이 축적되는 단점이 있다. 알루미늄 철판(시트)은 부식방지를 하지만, 똑같은 두께의 아연철판에 비해서 약 1.5배 비싸다는 단점이 있다. 둥근 PVC 파이프는 절반을 잘라서 이용하면 편리하고 저렴하게 설치할 수 있어 많은 지역에서 이용할 수 있지만, PVC 파이프가 공장에서 거리가 멀리 떨어질수록 가격이 점점 비싸지므로 시장조사를 하고 경제성을 고려해서 결정해야 한다.

5.3 홈통 기울기

홈통은 연결파이프까지 경사를 주어서 물이 고이지 않고 자연적으로 흐르게 해야 한다. 기울기가 급하면, 흐르는 속도가 빨라져서 이송물량을 증대시킬 수 있어 단면적이 작더라도 많은 물을 이송시킬 수 있지만, 너무 급격한 기울기는 지붕과 홈통의 간격이 넓어져서 유출로 인한 손실이 발생한다.

기울기는 일정하게 경사를 주는 방법과 점점 경사를 증가시키는 방법이 있다. 또한 3개 구간으로 나누어서 처음과 둘째 구간에는 1/2% 경사를 주고, 마지막 구간에는 1% 경사를 주어 단계적으로 증가시킬 수도 있다.

1m 홈통에서 1/2% 기울기는 5mm 물을 이송시킬 수 있고, 1% 기울기는 10mm 물을 이송시킬 수 있다.

지붕은 일반적으로 평행하게 설치되어 있거나, 아주 조금 경사진 면을 가지고 있다. 홈통을 경사지게 설치할 때에는 홈통과 지붕 간의 최대 거리는 홈통의 넓이보다 작아야 안정적으로 빗물을 받을 수 있다. 경사가 급해질수록 물이 떨어지는 면적이 넓어지므로, 홈통에 떨어지는 빗물 손실이 발생하게 된다.

일반적인 가정에서 홈통과 지붕의 간격은 60mm 이하가 되고, 학교와 같이 큰 건물에서 사용할 때에는 150mm 이하가 된다.

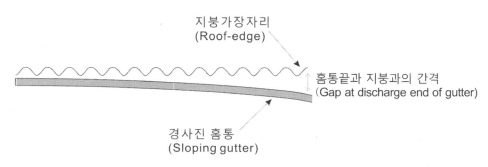

T.H Thomas and D.B. Maritinson, 2007

〈그림 5.8〉 경사진 홈통에 따른 지붕과 간격

〈표 5.6〉 기울기에 따른 지붕과 홈통 간격(mm)

기울기 시작부터 각 구간별 기울기	유 량	홈통 총 길이			
		4m	8m	15m	25m
		지붕과 홈통의 간격(mm)			
1/2 : 0%, 1/2 : 1%	0.9×Q	20	40	75	125
전체 1/2%	0.7×Q	20	40	75	125
1/3 : 0%, 1/3 : 1/2%, 1/3 : 1%	Q	20	40	75	125
2/3 : 1/2% 1/3 : 1%	Q	27	53	100	167
전체 1%	Q	40	80	150	250
2/3 : 1%, 1/3 : 2%	1.4×Q	54	106	200	333

<표 5.6>은 각각 4, 8, 15, 25m 길이의 홈통을 설치 할 때 가장 멀리 떨어지는 부분에 홈통과 지붕과의 간격을 나타낸 것이다. 두꺼운 글씨로 표시한 홈통 기울기가 운반될 수 있는 물량이나, 홈통과 지붕의 떨어진 간격을 고려할 때 가장 적합할 것이다.

첫 번째 1/2구간을 0%로 주고, 나머지 구간을 1% 구간을 두는 것으로 시공에 용이하다는 장점을 가지고 있으나, 홈통 연결을 어떻게 할 것인지를 고려하여 적용하는 것이 필요하다.

홈통을 3개 이상으로 연결해서 설치할 경우에는 1/3 : 0%, 1/3 : 1/2%, 1/3 : 1% 또는 전체 1% 기울기로 시공하는 것이 편리하다.

5.4 홈통 개략 산정

바람이 없고 폭우가 내리지 않으면 조그마한 홈통으로도 모든 유출을 감당할 수 있다. 일시적인 폭우가 내릴 경우에는 홈통이 넘칠 수가 있기 때문에 폭우를 감안하여 홈통의 크기를 결정한다. 열대지방에서 강수의 10% 정도가 분당 2㎜ 이상 내리므로 2㎜를 대상으로 홈통크기 결정을 권장한다. 분당 2㎜ 이상 비가 내릴 경우도 있지만 이런 경우는 흔하지 않고 우기 중 폭우가 내리는 시기는 공급수량이 충분하고 물탱크 오버플로우가 자주 발생하는 시기이므로 일부 손실을 허용하는 것이 오히려 더 경제적이다.

<표 5.7>은 첫 번째 1/3은 평평하게 하고, 두 번째 1/3은 1/2%의 기울기를 주고, 맨 마지막 1/3은 1%의 기울기를 줄 때 권장하는 홈통의 재원이다.

만약 우기용 RWHS이거나 건기에도 얼마동안 사용하지 못하는 작은 용량의 물탱크를 가지고 있다면 홈통을 큰 사이즈로 설치할 필요가 없다. 물탱크로 빗물을 이동하더라도 물탱크에서 오버플로우로 빗물들이 버려지면 사이즈가 큰 홈통이 역할을 하지 못하게 된다. 홈통을 설치하거나 보수 계획을 만들 때에는 물탱크용량과 향후 확장 가능성을 종합적으로 고려해야 한다.

〈표 5.7〉 지붕면적에 따른 홈통 권장제원

홈통 \ 지붕면적(㎡)	10	13	17	21	29	34	40	46	66
타원형 또는 사다리꼴형 홈통 폭(mm)	50	55	60	65	75	80	85	90	100
연결 파이프의 크기(mm)	15	20	25	25	32	32	40	40	40

5.5 지붕과 홈통의 위치

홈통은 지붕에서 떨어지는 끄트머리에서 <그림 5.9>와 같이 약간 바깥쪽 방향으로 설치해야 한다. 떨어지는 위치를 결정하는 인자는 바람 세기로, 바람이 많이 부는 곳이면 비가 바깥쪽으로 떨어진다. 바람 세기가 강한 곳에서는 지붕과 홈통의 간격을 줄여서 바람 영향을 최소화해야 한다.

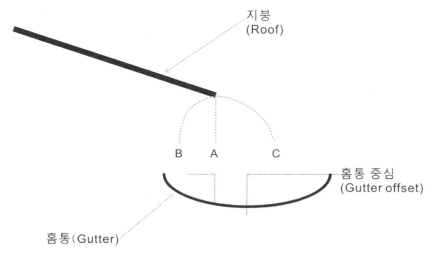

Modified from T.H Thomas and D.B. Maritinson, 2007

〈그림 5.9〉 홈통 설치 단면

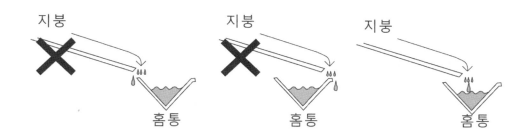

Modified from Janette Worm, Tim van Hattum, 2006

〈그림 5.10〉 지붕과 홈통 위치 관계

5.6 홈통 설치 위치

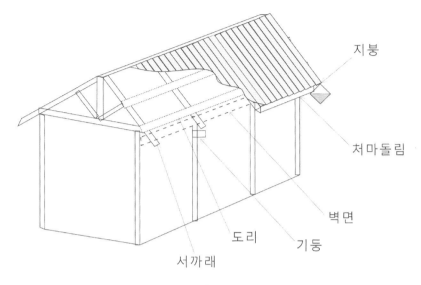

지붕

처마돌림

벽면

기둥

도리

서까래

〈그림 5.11〉 홈통 부착 위치

지붕 형태에 따라 홈통 부착 위치가 결정된다. 지붕뼈대가 튼튼한 곳은 다양한 위치에 홈통 부착이 가능하지만, 지붕 밑에 뼈대가 거의 없는 곳에서는 부착 방법 및 경제성, 안정성 등 복합적인 검토가 필요하다.

현장에서 홈통 설치를 위해 지붕 끝단을 개량하는 것도 고려할 수 있다. 개발도상국 시골지역의 대부분의 주택들은 설계도 없이 경험으로 만들어져 다양한 형태의 지붕과 주택 형태를 가지므로, 지역 전문가와 협의를 통해서 대표적인 지붕 유형에 따라서 홈통 부착 방법을 결정하는 것이 필요하다.

처마는 벽면에서 밖으로 돌출된 지붕으로서 비로부터 외벽을 보호하고, 햇빛이 창문에 바로 비치는 것을 막아주는 역할을 한다.

홈통 설치 위치는 지붕 끝단에 설치된 처마돌림(facia board)에 설치하는 것으로 지붕 뼈대가 튼튼한 경우에 적용할 수 있다. 선진국의 목조주택에서 가장 많이 사용하는 방식이다.

지붕뼈대 구조물을 이용하는 방법으로 서까래(rafter)나 도리(purlin)를 이용할 수 있다. 서까래는 지붕의 열을 이루는 뼈대로, 추녀를 구성하는 가늘고 긴 나무로, 지붕의 경사진 면과 같은 방향의 뼈대가 되는 목재각목이다. 서까래에 철 또는 나무로 만든 서까래팔

(rafter arm, <그림 5.16>)을 설치해서 홈통을 서까래팔 위에 놓는 구조를 활용할 수 있다.

도리(Purlin)는 서까래와 수직이 되는 뼈대로써 지붕 경사면과 평행하게 내려오는 목재 각목이다. 지붕 끝단과 가장 가까운 도리를 이용해서 홈통을 설치할 철 또는 나무틀을 붙여서 사용할 수 있다.

지붕뼈대를 이용할 수 없다면 지붕과 연결된 벽면을 이용할 수 있다. 벽면의 강도를 보고 홈통을 지지할 나무나 철재 틀을 만들어 부착할 수 있다. 노출된 기둥을 이용할 수 있다. 기둥에 홈통을 설치할 수 있는 별도 목재판을 이용해서 설치하는 방식이다. 지붕이 튼튼한 경우에는 지붕 끝에 철사를 이용해서 홈통을 부착할 수 있다. 홈통에 물이 차이면 홈통과 물의 하중이 지붕에 영향을 미칠 수 있으므로 지붕 강도가 튼튼하지 않다면 주변에 있는 처마, 기둥, 벽면 등에서 홈통의 하중을 분산시키도록 하거나 지붕 강도를 높이기 위해서 개량하는 등의 작업이 필요하다. 홈통 설치는 홈통의 물이나 홈통으로 유입되는 물이 튀어서 벽이나 천정 내부 등 다른 부위에 스며들어서, 가옥의 내구성이 약해질 수 있는지를 주의해야 한다.

우기에 비가 홈통에 가득 찰 때 무게를 고려해야 한다. 홈통 자체무게는 가벼우나 물이 들어갈 때는 몇 배로 무거워지고, 우기에는 바람이 세어져서 파손 위험이 더 높아질 수 있으므로, 빗물의 무게, 바람의 강도 등을 종합적으로 고려해야 한다.

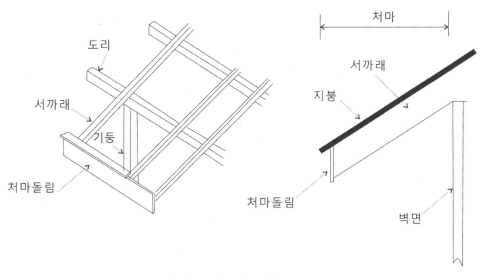

〈그림 5.12〉 지붕 뼈대 구조물

5.6.1 처마돌림(facia board) 부착

처마돌림은 처마 끝에서 서까래의 끝을 감추기 위해 가로로 댄 판으로 지붕과 수직되게 연결하여 처마를 돌리게 된다. 처마돌림을 이용해서 홈통을 바로 설치하거나 철제선반이나 목재선반을 설치하고 그 위에 아연도금강판으로 만들어진 홈통을 설치할 수 있다.

처마돌림은 지붕에서 한쪽 면에 연결되어 설치되어 있어서 홈통을 설치할 수 있는 가장 좋은 자리이다. 선진국에서는 대부분 처마돌림을 이용해서 홈통을 설치하지만 개발도상국에서는 처마돌림이 부실하거나, 설치되지 않아서 처마돌림에 부착이 어려울 수 있다.

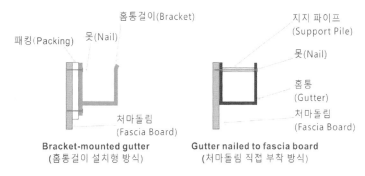

Modified from T.H Thomas and D.B. Maritinson, 2007

〈그림 5.13〉 처마돌림 홈통 부착

〈그림 5.14〉 학교 처마돌림(탄자니아)

5.6.2 지붕뼈대 부착

서까래(rafter)나 도리(purlin)는 주요 지붕뼈대이다. 서까래는 지붕 경사면과 동일한 방향으로 내려오는 세로 각목이고, 도리는 서까래와 수직으로 중간중간에 하중을 분산시키는 역할을 하는 가로 각목이다. 서까래에는 홈통이나 다른 물건을 붙잡을 수 있는 서까래팔(rafter arm)을 설치하여 홈통을 설치할 수 있다. 도리에도 별도의 조그마한 각목을 설치해서 홈통이 들어갈 수 있는 나무틀이나 철재지지대를 부착할 수 있다.

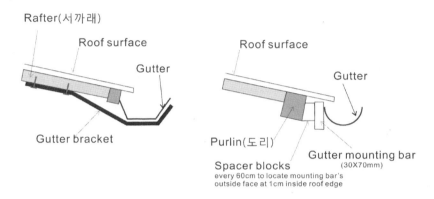

Modified from T.H Thomas and D.B. Maritinson, 2007

〈그림 5.15〉 서까래(rafter)와 도리(purlin)에 설치

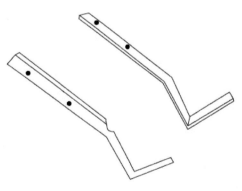

〈그림 5.16〉 서까래팔(rafter arm)

5.6.3 벽면 부착

　지붕이 구조물에 붙일 공간이 없을 경우에는 벽면에 별도의 판자나 철재를 부착해서 홈통을 설치할 수 있다. RWHS 이용과정에서 벽면에 빗물이 계속해서 튀게 되면 벽체강도가 약해지고, 홈통에 물이 차여질 때 발생하는 무게로 인해서 벽면의 파손위험과 벽을 타고 빗물이 내부로 스며들 수 있으므로 주의가 필요하다.

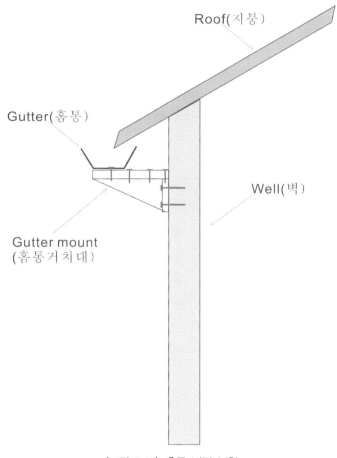

〈그림 5.17〉 홈통 벽면 부착

5.6.4 기둥 부착

기둥이 외부로 노출되어 있는 경우 기둥에 홈통을 부착할 수 있는 나무틀을 만들어서
홈통을 설치할 수 있다. 전통적인 가옥구조가 지붕과 연결된 벽을 완전히 막지 않고, 환기
를 위한 빈 공간이 있는 경우나 곡물건조 및 보관시설과 같이 지붕만 있고 벽이 없는 시
설물에서 목재판으로 제작된 나무틀을 기둥에 부착해서, 홈통을 설치할 수 있다. 주변에
벽체가 없고, 지붕아래 부분이 개방되어 있을 건물에서는 유용한 방법이다.

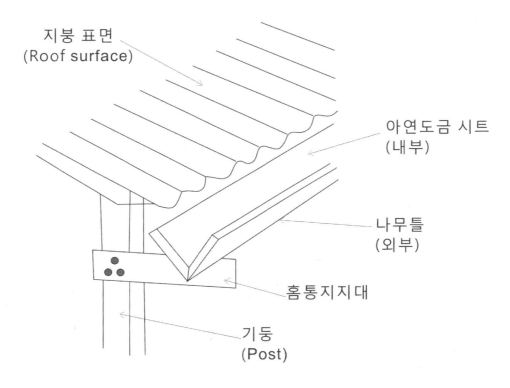

지붕 표면
(Roof surface)

아연도금 시트
(내부)

나무틀
(외부)

홈통지지대

기둥
(Post)

〈그림 5.18〉 홈통 기둥 부착

5.6.5 지붕 부착

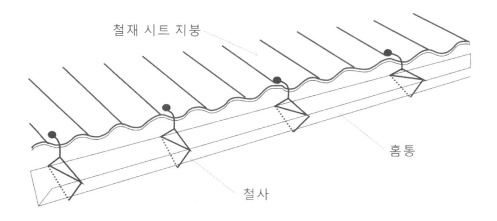

철재 시트 지붕

홈통

철사

〈그림 5.19〉 지붕에 철사로 연결

　철제 시트로 만들어진 튼튼한 지붕에 철사(wire)를 매고 홈통을 연결하는 방식으로 <그림 5.19>와 같이 홈통을 설치할 수 있다.

　만약 지붕 강도가 충분하지 않거나 향후 변형이 우려되는 경우에는 서까래, 도리, 처마돌림 등 다른 뼈대에 고정대(bracket)를 설치하여 홈통과 물의 무게로 지붕 파손을 방지할 수 있다. 홈통이 클 경우에는 비가 올 때 빗물의 무게가 가중되기 때문에 종합적인 고려가 필요하다.

　지붕에 바로 연결되지 않을 때에는 비산가드(splash-guard)에 철사로 연결하는 방법도 있다.

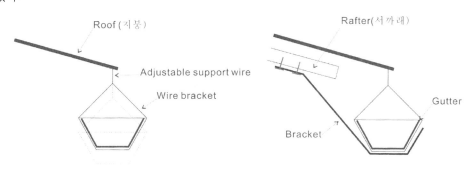

Roof(지붕)

Adjustable support wire

Wire bracket

Usual suspended mounting method

Rafter(서까래)

Gutter

Bracket

Suspended plus supporting bracket

Modified from T.H Thomas and D.B. Maritinson, 2007

〈그림 5.20〉 지붕에 매달아서(suspend) 홈통 설치

5.7 홈통 연결

홈통을 제작하는 철판 길이나 지붕 구조에 따라 한 개의 홈통으로 설치하지 못할 때에는 여러 개의 홈통을 연결해야 한다. 홈통을 연결할 때에는 누수나 물이 고여서 녹 발생을 최소화해야 한다.

홈통끼리 연결할 때에는 <그림 5.21>과 같이 경사 위쪽에서 있는 홈통을 낮은 쪽의 홈통의 상부와 겹쳐지도록 해야 한다. 겹쳐지는 면에는 최대한 빈틈이 없도록 해서 물이 역류되지 않도록 해야 한다. 아연도금강판이 겹쳐지는 부위는 리벳(rivet)이나 나사못으로 사용해서 빈틈을 없애고 본드나 실리콘으로 연결부위의 빈틈을 막아서 마감을 할 수 있다. 기본적으로 위쪽에서 내려오는 홈통이 아래쪽 홈통 아랫부분으로만 가지 않도록 하여도 폭우를 제외한다면 큰 누수는 발생하지 않는다.

홈통길이를 최대한 길게 해서 연결되는 이음매가 없도록 하는 것이 최선의 방법이지만, 자투리 자재를 이용해서 자재낭비를 최소화한다.

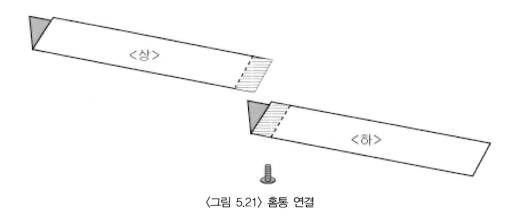

〈그림 5.21〉 홈통 연결

5.8 비산가드(Splash-guard: 물 튀김 방지 장치)

빗물이 지붕에서 떨어질 때 홈통 이외의 다른 곳으로 물이 튀는 것을 방지하기 위해서 비산가드(splash-guard)를 설치할 수 있다. 비산가드는 지붕과 연결하여 <그림 5.22>와 같이 홈통과 연결할 수 있다. 비산가드를 설치하면 물이 튀어서 홈통 밖으로 나가는 손실을 최소화하는 장점이 있으나, 폭우가 거의 발생하지 않는 지역이나 물탱크 용량이 작아서 지붕에서 공급되는 물량 손실이 발생하여도 물탱크를 채우는 데 어려움이 없을 때에는 물 튀김 방치의 설치를 할 필요가 없다. 만약, 물탱크의 용량은 충분하지만 지붕면적은 충분하지 않고 강수량도 부족할 때에는 각종 손실을 최소화하기 위해서 물 튀김 방지 장치를 설치해서 손실을 최소화해야 한다.

비산가드는 지붕에 따라서 차이가 있으나, 30㎝ 너비를 가진 아연도금 강판을 이용해서 구부려 사용하면 된다.

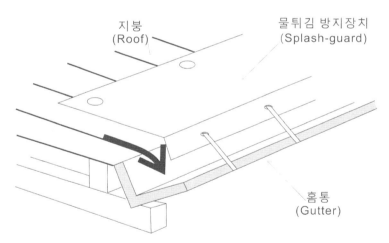

Modified from Janette Worm, Tim van Hattum, 2006

〈그림 5.22〉 비산가드(Splash-Guard)

5.9 홈통 제작

시중에서 판매하는 PVC나 플라스틱 종류로 만들어진 것을 사용할 수 있지만 직접 제작하는 것이 경제적이다. 200㎝×100㎝인 아연도금 평면 시트를 100㎝를 3등분하면 길이 200㎝ 너비 33.3㎝의 기다란 직사각형 아연도금판을 만들어 홈통제작에 사용한다.

각목 막대기를 이용해서 200㎝×33.3㎝ 아연도금판을 각지게 구부려서 홈통의 형태를 만들거나 둥근 PVC 파이프를 깔고 나무로 두드려서 둥근모양의 홈통을 만들 수 있다. <그림 5.23>은 33.3㎝ 넓이로 만들 수 있는 각종 형태에 대한 단면도이다.

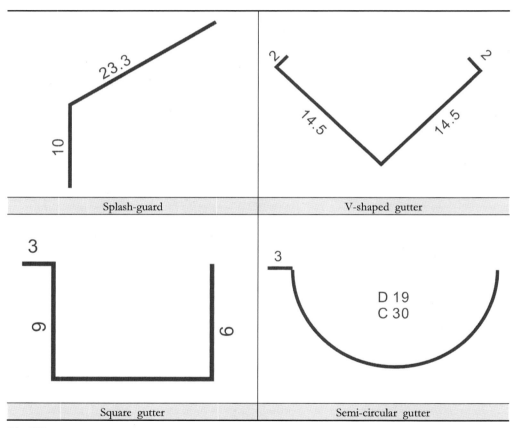

Erik, 2007

〈그림 5.23〉 33.3㎝ 아연도금 시트로 제작 가능한 홈통 단면

5.10 홈통 걸이

홈통 걸이는 나무판에 철사를 박아서 틀을 만들고 철사를 구부려서 홈통 걸이를 만들
수 있다. 개발도상국에서는 모든 작업을 현장에서 하는 것이 외부에서 만들어서 가는 것
보다 더 편리하다. 기술자의 임금이 운반에 따른 차량이나 트럭 비용보다 저렴하고, 현장
에서 예상치 못한 구조일 경우에는 즉각적으로 대체할 수 있는 시간적 및 이동에 따른 경
비손실을 최소화하기 위해서 현장에서 여분의 자재를 가지고 직접 제작하면서 지붕과 홈
통에 적합하게 설치해야 한다.

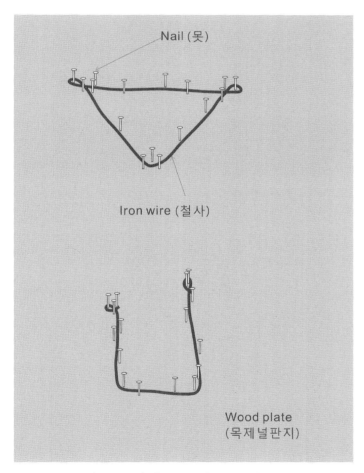

〈그림 5.24〉 홈통 고정 철사 제작 형틀

5.11 홈통 설치

홈통을 설치할 때 현장에서 가장 어려운 점은 홈통의 정확한 기울기를 측정하는 것이다. 현장에서 기울기를 알기 어려울 경우에는 물 호스를 이용해서 수평을 측정할 수 있다. 수평 높이를 물 호스로 이용해서 맞추고 각각의 기울기를 계산해서 현장에서 수평과 기울기에 맞추어 홈통을 경사지게 시공할 수 있다.

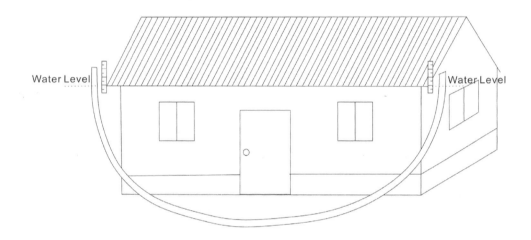

〈그림 5.25〉 물 호스를 이용한 수평잡기

5.12 간이 홈통

가장 간편한 홈통 설치는 방수천(waterproof shade cloth)이나 플라스틱 시트를 접어서 홈통을 제작하는 것이다. 방수포 양끝 쪽에 재봉질로 플라스틱 끈으로 보강하고, 2㎜의 철사를 각각 집어넣어 넣는다. <그림 5.27>과 같은 형태로 지붕에 1㎜의 철사를 이용해서 매달려 있는 주머니 형태를 만든다. 간이 홈통의 기울기는 한쪽 끝은 40㎝로 하고 반대편은 60㎝로 만들어서 간이 홈통의 기울기를 줄 수 있다.

이러한 방수포는 강렬한 햇빛 등으로 인해서 내구성이 떨어지는 단점이 있으므로, 만약 설치를 한다면 건기에는 직사광선을 피해서 보관하였다가 우기에 설치하는 방법으로 사용기간을 연장할 수 있다.

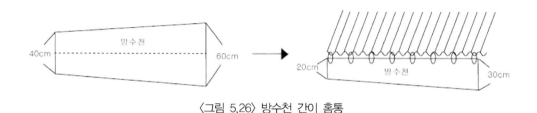

〈그림 5.26〉 방수천 간이 홈통

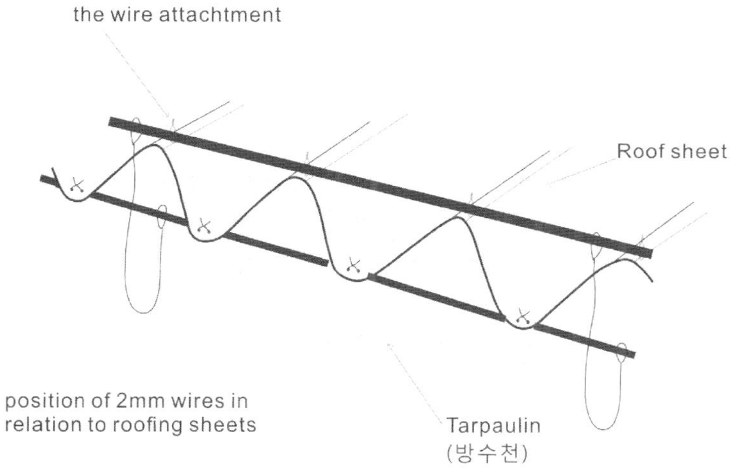

the wire attachtment

Roof sheet

position of 2mm wires in
relation to roofing sheets

Tarpaulin
(방수천)

Modified from PACE; Image: Peter Morgan, Aquamor

〈그림 5.27〉 지붕과 방수천 연결

제6장 저장부(storage)

RWHS(빗물집수시스템) 설치비용 중에서 70~90%를 차지하는 것이 물탱크 설치이다. 저장부는 비용적인 측면에서 가장 큰 비용을 차지한다. 플라스틱 물탱크를 시장에서 구매하는 것이 가장 편리하지만, 가격이 비싸고 대용량 물탱크로는 부적합하다는 단점이 있다. 현장에서 콘크리트나 페로시멘트로 만든 물탱크는 설계 및 설치에 따른 인적·시간적 제약이 발생할 수 있지만, 플라스틱 물탱크보다 더 다양한 크기에 저렴한 비용으로 만들 수 있다는 장점이 있다. 현장에서 물탱크 제작·설치가 어려운 곳에서는 플라스틱 물탱크가 아니더라도 현지시장에서 판매하는 물항아리나 드럼통을 구매해서 사용할 수 있다. 현지조사 과정에서 물탱크 구매 및 현장 설치는 검토해야 한다.

6.1 설치위치에 따른 분류

물탱크 설치 위치는 지상과 지하로 구분할 수 있으나 일부는 지하로 넣고 나머지는 지상에 두는 타입을 선정할 수 있다. 물탱크는 대부분 지상에 설치하지만 대용량 탱크일 경우 물탱크 높이가 너무 높아져 지붕에 영향을 미칠 수 있고, 높이를 낮출 경우 필요한 공간이 너무 넓어지는 어려움이 있다. 용량이 커질수록 견디어야 되는 수압이 높아지므로 수압이 많이 받는 부분은 지하공간을 이용하면 예산을 절약할 수 있다.

물탱크 설치를 고려할 때 먼저 지상에 설치하는 것을 중심으로 검토하고 수요자나 부지, 예산 등의 어려움이 있을 경우 지하 설치를 검토하는 것이 효과적이다. 지상탱크는 펌프설치 없이 수도꼭지로 바로 이용이 가능하고, 누수, 유지보수가 장점이지만, 비용이 많이 소요되고 외부 노출로 예기치 못한 파손 및 태풍과 같은 외부조건에 따른 파손이 일어날 수 있는 단점이 있다.

지하탱크는 수압을 견디는 벽면강화 비용과 공간절약의 장점이 있지만, 수도꼭지를 바로 연결할 수 없어 펌프와 같은 별도의 장치가 필요하고 누수 보수 또는 물탱크 청소가 필요할 때 물탱크를 완전히 비우는 것이 어려워 유지보수가 까다로운 단점이 있다.

<그림 6.1>과 같이 농촌지역에서 생활용 물탱크는 지상에 설치하고, 지표면을 굴착하거나, 지형을 이용해서 저수지(reservoir)를 만들어서 농업용으로 사용할 수 있다.

〈표 6.1〉 지상탱크와 지하탱크의 장단점

구 분	장 점	단 점
지상 탱크	- 탱크 균열이나 누수를 쉽게 확인할 수 있다. - 출수장치에서 펌프나 다른 동력이 필요가 없다. - 물탱크 청소 등 유지관리가 용이하다.	- 물탱크 부지가 필요하다. - 설치비용이 비교적 많이 든다. - 노출되어 있어 파손 등 인위적인 사고 가능성이 높다. - 강한 햇빛, 일교차 등 외부조건에 따라 파손이 쉽다.
지하 탱크	- 수압을 견디는 탱크하부 벽면으로 시공비용이 절약된다. - 수도꼭지를 열어 놓아서 생기는 손실 가능성이 제거된다. - 부지가 절약된다. - 물의 온도가 시원하게 보관된다.	- 물을 이용하기 위한 펌프가 필요하다. - 누수가 발생할 때 보수가 어렵다. - 청소를 할 때 물을 완전히 제거하기가 어렵다. - 식물의 뿌리나 지하수의 흐름 등으로 탱크가 파손될 수 있다.

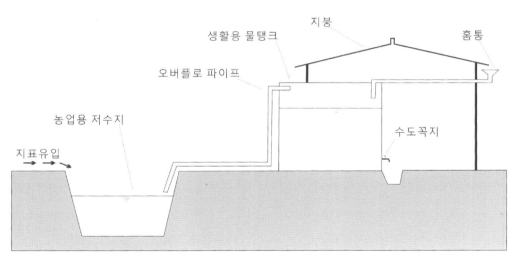

Modified from Pacey A. & Cullis, A.,1986

〈그림 6.1〉 농촌지역에서 생활용 물탱크와 농업용 저수지를 조합한 RWHS

6.2 재질에 따른 분류

물탱크는 다양한 재질의 재료를 이용해서 만들 수 있다. 재질에 따라 설치하는 방법과 예산, 기간, 투입인력, 장단점 등의 많은 차이가 발생한다.

가장 일반적인 방식은 지역에서 구하기 쉬운 용기를 물탱크로 활용하는 것이다. 유류 드럼통이나 대형 플라스틱용기, 차량에 붙어 있었던 탱크로리와 같은 다양한 물건들이 물탱크로 활용되고 있다.

PE 물탱크는 다양한 용량의 물탱크가 있으나 용량이 커질수록 물탱크 가격과 운반비용이 증가하는 단점이 있다. PE 탱크는 대도시나 공업지역 인근지역은 운반비용이 저렴해서 구매가 쉬우나 도시에서 멀리 떨어진 곳에서는 플라스틱 물탱크 구매를 하려고 해도 파는 가게가 없거나, 주문을 해도 늦게 가져다주는 단점이 있다. 또한 플라스틱 탱크는 현장에서 자체 수리가 어렵기 때문에 내구연한 문제와 향후 교체비용 등을 검토해야 한다.

콘크리트 물탱크는 거푸집을 만들고 콘크리트를 타설하는 비용은 많이 들지만 다양한 크기의 물탱크를 만들 수 있는 장점이 있다. 모래, 자갈, 시멘트 등의 자재 조달이 쉬운 곳에서 적용할 수 있다.

철제시트 물탱크는 아연도금 강판이나 철판을 이용해서 물탱크를 만드는 것으로 물탱크 용량이 커지면 내부수압이 높아져 용접부위나 녹 발생 부위, 시멘트 기초바닥과 접합되는 이질부에서 누수 가능성이 높지만 소규모 용량이나 전문가의 시공을 할 경우에는 다양한 형태로 적용할 수 있다.

지역적으로 모래(coase river sand)나 자갈(pebbles, stones), 기초 잡석(hardcore)의 공급 가격이 차이가 나므로 강가에서 모래나 자갈 등을 쉽게 운반할 수 있는 지역에서는 시멘트를 이용해서 콘크리트 계통의 물탱크를 만드는 것이 저렴하고 모래를 구하기 힘든 지역에서는 진흙을 압축해서 만든 벽돌이나, 불로 구운 벽돌, 석재가 풍부하고 석공이 많은 지역에서는 돌로 만든 벽돌 등 다양한 재료를 이용해서 물탱크를 만들 수 있다.

〈표 6.2〉 물탱크 재질에 따른 특징

구 분	특 징
콘크리트	내부에 별도의 거푸집을 만들어서 콘크리트를 타설해서 만드는 물탱크이다.
철재시트	철재시트를 이용해서 만든 물탱크로 수압을 견디기 위해서는 별도의 보강이 필요한 단점이 있고, 철재시트와 바닥면이 생기는 면에서 누수가 발생할 가능성이 높다.
플라스틱	공장에서 만들어져 나오는 물건으로 가장 쉽게 설치가 가능하지만 비용이 많이 소요되는 단점이 있다.
페로시멘트	철망과 같은 얇은 망을 이용해서 콘크리트 몰탈로 미장을 해서 만드는 물탱크로 가격대비 효율이 높다.
벽돌	벽돌로 물탱크를 만든 것으로 현장에서 전통적으로 이용하는 벽돌 기술 등을 이용해서 물탱크를 만들 수 있다.
방수천	방수가 되는 천막천이나 비닐종류를 이용해서 일회용이나 반영구적인 물탱크를 만들 수 있다.
흙	토기를 만드는 방식과 같이 전통적으로 물항아리를 만드는 방식으로 만들 수 있다.

〈표 6.3〉 지역 여건에 따른 재료 선택

구 분	지역 여건
황토압축벽돌(soil-compressed brick) 내화벽돌(burnt brick)	조립사(Coase river sand)가 비싼 지역
페로시멘트 (ferro-cement)	조립사(Coase river sand)가 저렴하고 기술자가 있는 지역
콘크리트 거푸집 공사 (concrete formwork) 콘크리트 벽돌(concrete blocks)	조립사(Coase river sand)가 저렴하고, 자갈이나 각종 석재 및 기초잡석(hardcore)이 풍부한 지역
석재 벽돌(rubble stone blocks)	자갈이 풍부한 지역에서 비용을 줄이려고 할 때

설치지역의 시장조사를 통하여 어떤 방법이 가장 저렴하고 효과적인가를 채택해야 한다. 시멘트를 포함하는 압축흙벽돌 생산이 용이한 지역에서는 흙벽돌을 이용해서 물탱크를 만들 수 있다. Cinva ram 흙벽돌 제조기는 조금 작은 반면에 Tek Block은 조금 크기가 큰 벽돌을 만들 수 있다. 현장 여건에 따라, 다양한 재료를 선택할 수 있다.

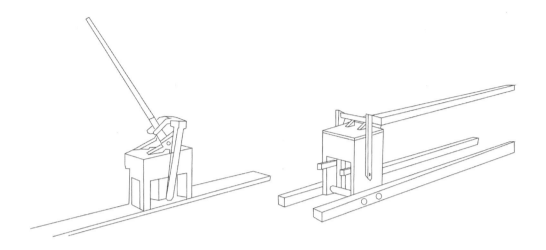

Modified from Houben & Guillaud, 1994

〈그림 6.2〉 압축 흙벽돌 제작기구

〈그림 6.3〉 물탱크 거푸집(탄자니아)

〈그림 6.4〉 콘크리트 물탱크(캄보디아)

〈그림 6.5〉 블록 물탱크(탄자니아)

〈그림 6.6〉 석재 물탱크(에티오피아)

〈그림 6.7〉 플라스틱 물탱크(탄자니아)

〈그림 6.8〉 항아리(캄보디아)

〈그림 6.9〉 스테인리스 물탱크(캄보디아)

〈그림 6.10〉 거푸집을 이용한 4,500리터 콘크리트 탱크(탄자니아)

사진: 박현주

〈그림 6.11〉 4,000리터 플라스틱 탱크(에티오피아)

사진: 박현주

〈그림 6.12〉 5,000리터 플라스틱 탱크(에티오피아)

RWHS의 시공

제7장 블록 물탱크 시공

대용량 물탱크를 만들 때 가장 많이 사용되는 방식으로 블록 또는 석재와 같은 현장 인근에서 풍부하고 저렴한 재료로 만드는 것이다. 현장에서 만드는 황토벽돌이나 콘크리트 블록은 직접 제작하거나 인근 야산에서 석재를 채취해서 적당한 크기로 가공을 하여 만드는 등 현지 여건에 따라 적정한 물탱크 타입을 결정한다.

10m³의 콘크리트 블록 물탱크를 만든다고 가정할 때 시공하는 순서는 <그림 7.1>과 같다.

〈그림 7.1〉 블록 물탱크 시공 절차

7.1 기초작업

물탱크가 놓일 위치를 정하고 물탱크 중심에 작업 기준선으로 활용할 길이 200㎝ G.I Pipe 18㎜ 파이프를 수직이 되도록 지표면에 고정시켜 기준 파이프가 되도록 한다.

물탱크 기초는 기존 건물 벽과 90㎝ 이상 떨어진 곳에 반지름 160㎝ 원형으로 기초 자리를 잡는다. 물탱크 높이와 부가시설을 250㎝라 가정한다면 기초의 바닥면이 지표면의 일부를 굴착해서 지붕에서 250㎝ 이상 차이가 나도록 해야 한다.

지표면이 견고하더라도 15㎝ 이상 땅을 파서 물탱크 기초가 단단해야 한다. 15㎝를 파더라도 표층이 단단하지 않을 경우에는 단단한 표층이 나타날 때까지 굴착을 하거나, 단단한 표층까지 굴착이 불가능하다면 기초 잡석을 넣고 무거운 물체로 타격해서 기초를 튼튼히 한다.

1:3:4(시멘트:모래:자갈) 콘크리트 몰탈을 13㎝ 두께로 채우고 콘크리트 사이에 와이어 매쉬(weld mesh)를 넣어서 균열이 발생하지 않도록 한다. 물탱크 하부에 출수장치를 둘 경우에는 길이 90㎝ G.I Pipe 18㎜를 넣어서 수도꼭지를 연결할 수 있도록 한다.

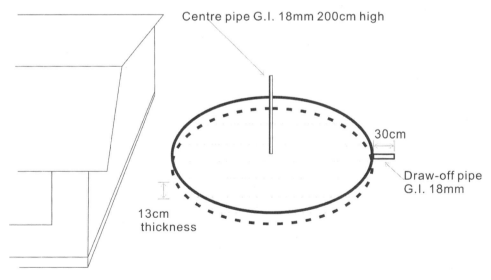

Foundation, center pipe and draw-off pipe

Modified from Erik, 2007

〈그림 7.2〉 기초파기와 중심 파이프 설치

〈그림 7.3〉 바닥기초 철근 작업(에티오피아)

7.2 외벽 쌓기

　물탱크 중심 기준 파이프에서 반지름이 145㎝가 되는 원을 먼저 만들고 벽돌로 외벽을 쌓는다. 벽 외부에 수직잡기 작업에 기준이 되는 추와 연결된 줄을 설치하여, 벽돌로 쌓은 벽이 수직이 되도록 하고, 벽돌 사이에 발생하는 간격을 일정하게 쌓는 과정에서도 원형이 완벽하게 유지하도록 해야 한다.

　상부까지 벽돌을 쌓고 물탱크 오버플로우(overflow) 32mm 배수 파이프를 설치한다.

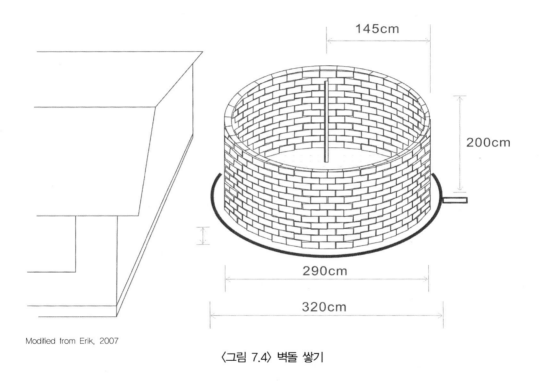

Modified from Erik, 2007

〈그림 7.4〉 벽돌 쌓기

〈그림 7.5〉 블록 쌓기(탄자니아)

〈그림 7.6〉 콘크리트 벽돌 양생(탄자니아)

7.3 중심 기둥 설치

벽돌 높이가 200cm까지 올라가면 18mm G.I Pipe 기둥파이프에 길이 185cm 100mm PVC 파이프를 집어넣어서 콘크리트 기둥 거푸집을 설치한다.

길이 60cm 18mm G.I Pipe 4개를 가열해서 <그림 7.6>과 같이 PVC 파이프와 직각 등간격으로 설치하여 간이 사다리가 될 수 있도록 한다. PVC 파이프와 G.I Pipe로 생선뼈 형태의 간이사다리가 완성되면 PVC 파이프 내부에 콘크리트 몰탈(시멘트:모래:자갈 1:2:4)을 채워 콘크리트 기둥 역할을 하도록 한다.

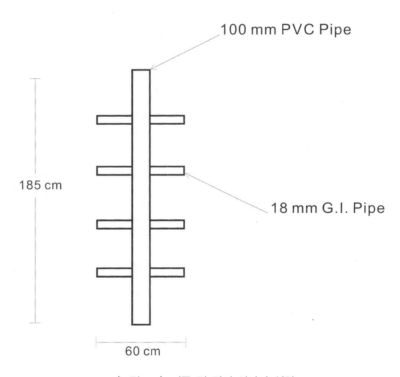

〈그림 7.7〉 기둥 및 간이 사다리 설치

간이 사다리를 하도록 하는 G.I Pipe는 콘크리트 몰탈 강도, 내부의 다른 내부의 장치를 둘 때에는 오히려 공간효율에 문제가 발생할 수도 있으니, 현장에서 유지보수와 지붕구조 안전성을 고려하여 설치여부를 검토할 수 있다.

7.4 외벽 보강

물탱크가 커지면 저장되는 물의 수압으로 탱크하부 부분에 더 많은 힘을 받게 되므로 물탱크 하부 벽을 보강하기 위해서, 벽돌 외벽에는 5㎝ 간격으로 twisted bar(지지 철근)를 넣고 가시철사(barbed wire)로 물탱크하부 100㎝에는 5㎝ 간격으로 감싸고, 상부 100㎝는 10㎝ 간격으로 가시철사를 감아서 미장작업으로 외벽을 보강해서 수압에 견딜 수 있는 구조를 만들어야 한다.

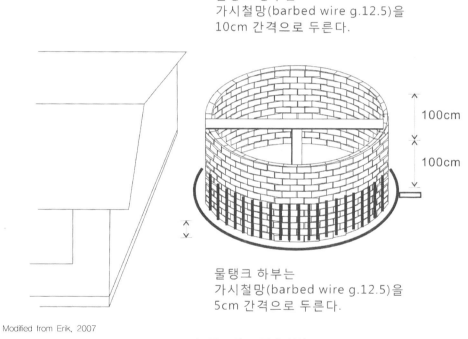

물탱크 상부는
가시철망(barbed wire g.12.5)을
10cm 간격으로 두른다.

100cm

100cm

물탱크 하부는
가시철망(barbed wire g.12.5)을
5cm 간격으로 두른다.

Modified from Erik, 2007

〈그림 7.8〉 보강재 설치

7.5 미장작업

　외벽 벽돌에 시멘트 몰탈(시멘트:모래 1:4)을 2㎝ 두께로 미장작업을 실시한다. 안쪽에는 깨끗하게 벽면을 청소하고, 방수를 위해 2㎝ 두께로 시멘트 몰탈(1:3)을 철제 흙손(steel trowel)을 이용해서 미장을 한다.

　미장한 부분이 급속히 건조가 될 경우에는 균열이 발생되어서 누수가 진행될 수 있으므로 미장을 한 부분에 비닐을 덮어 주거나 주기적으로 물을 뿌려서 최소 3주 이상 서서히 양생되도록 해야 한다.

　물탱크에서 오버플로우(overflow) 파이프는 물이 넘칠 때를 대비해서 외부로 흘러나오도록 한 파이프이다. 파이프가 직선으로 되어 있을 경우에는 외부의 이물질 유입 공간이 될 수 있으므로, 노출된 파이프 끝단을 구부려서 모기 등의 벌레가 파이프로 들어가서 물탱크에서 번식하지 않도록 한다.

　파이프의 열린 공간이 지표를 향하도록 하거나 배수구와 연결해서 넘치는 물이 떨어져서 물탱크 주변을 훼손되지 않도록 한다.

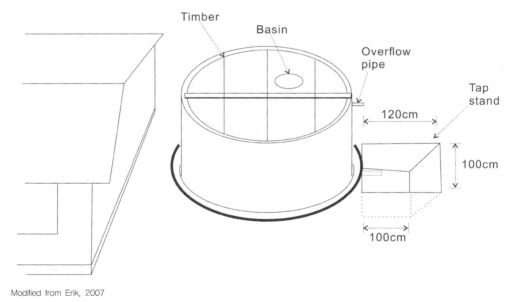

Modified from Erik, 2007

〈그림 7.9〉 물탱크 이용

7.6 물탱크 지붕

물탱크 지붕은 다양한 방법으로 만들 수 있다. 평면 지붕을 만들고자 할 때에는 각목 (timber)을 이용해서 물탱크에서 지지대를 세우고 합판을 대어서 거푸집을 만든다.

콘크리트를 타설하기 전에 지름 400mm 이상의 플라스틱 대야(plastic basin)를 물탱크 지붕에 설치해서, 물탱크 유지, 관리를 위해서 사람이 출입이 가능한 통로를 만들어야 한다. 지붕 홈통과 물탱크 연결파이프는 유입되는 방향과 향후의 관리를 고려해서 적절할 크기와 위치를 선정해야 한다. 이송부에서 물탱크로 들어오는 부위는 현황에 따라 다양한 상황이 나올 수 있으므로 여건에 맞게 설치한다.

이송부와 연결된 유입부를 설치하고 난 이후에는 거푸집에 5cm 높이에 되도록 와이어 매쉬(weld mesh)를 설치하고, 콘크리트 몰탈(1:3:4)로 두께 10cm 지붕을 완성한다.

콘크리트는 바람이나 강한 햇빛으로 인해 급속히 양생되는 것을 방지하기 위해서 상부에 비닐이나 헝겊을 깔아서 서서히 양생되도록 하고, 표면이 너무 빨리 마를 경우에는 물을 뿌려서 3주 동안 천천히 양생되도록 한다. 시멘트가 양생되어 강도를 가지면 내부에 있는 지지대와 합판을 제거해서 물탱크를 완성한다.

7.7 급수전 설치

급수전(수도꼭지)은 물을 이용하는 시설로써 물탱크에 직접적인 부착을 하거나 사용하기 편리한 곳에 설치한다.

물탱크 최하단부에 연결파이프를 설치해서 물탱크에 남아 있는 물을 완벽하게 이용하도록 해야 한다. 물탱크 용량이 충분할 경우에는 수질 관리를 위해서는 물탱크 최하단부에서 일정한 높이 상부에 설치하여, 퇴적물이나 찌꺼기가 따라 나오지 않도록 할 수 있다.

물탱크 하부까지 물을 이용하고자 할 때는 수도꼭지가 지표면보다 낮은 곳에 설치해야 한다. 지표면하의 이용시설에는 물통과 사람이 움직이는 공간이 필요하기 때문에 큰 공간은 필요 없으나, 수도꼭지에서 발생하는 누수, 우기의 빗물의 침입, 이용과정에서 발생하는 누수 등으로 물 이용시설에 항상 물이 조금씩 고여 있을 가능성이 높아진다.

물이용 시설 부위에 물이 고이면 동물들이 물을 먹기 위해서 올 수 있고, 모기·벌레 등의 서식환경이 만들어져 비위생적인 환경이 될 수 있으므로, 물이용시설보다 넓게 땅을 파고, 돌이나 자갈을 이용해서 물이 고이지 않도록 배수로를 설치 해야 한다.

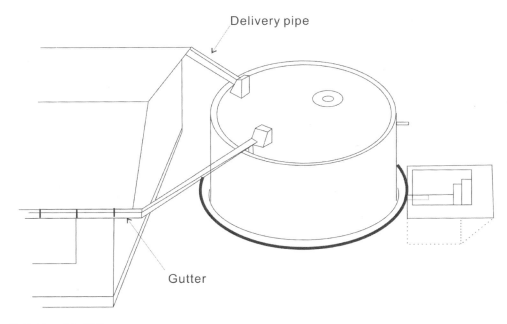

Delivery pipe

Gutter

Modified from Erik, 2007

〈그림 7.10〉 연결파이프와 급수대 설치

〈그림 7.11〉 학교에 설치된 RWHS

제8장 페로시멘트 물탱크 시공

페로시멘트는 간단한 구조체를 이용해서 강도를 가지는 것을 제작하는 기술로 유럽에서 선박을 건조하는 기술로도 사용되었다. 닭장이나 동물을 가두어 두는 촘촘한 그물 철망에 시멘트를 얇게 발라서 벽체를 만드는 방법으로 재료비에 비해 높은 강도를 가지는 장점이 있다. 철망에 시멘트를 얇게 발라야 하기 때문에 숙련된 기술자의 인건비가 많이 든다는 단점이 있지만 개발도상국과 같이 주민들이 직접 참여가 가능하고 재료비에 비해서 인건비의 비율이 낮은 곳에서 오히려 장점이 될 수 있다.

페로시멘트로 물탱크를 만드는 방법은 다음과 같다.

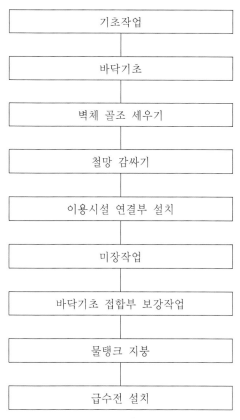

〈그림 8.1〉 페로 물탱크 시공 절차

8.1 기초작업

　물탱크의 바닥을 30㎝ 이상 터파기한 후에 편평하고 커다란 돌맹이들로 약 20㎝ 이상을 골고루 채워서 물탱크 기초를 튼튼하게 한다. 기초다짐은 커다란 돌맹이들 사이에 흙을 채우고 다짐작업을 하여 물탱크 바닥이 기울어지지 않도록 한다.
　수평계를 이용해서 바닥면의 수평을 검사하는 것도 좋은 방법이다.

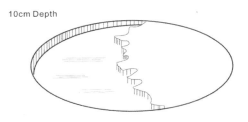

10cm Depth

Modified from PACE

〈그림 8.2〉 기초작업

8.2 바닥 기초

　바닥면에 60㎜ 이상 바닥콘크리트를 설치하기 위해 와이어 철망을 깔고 벽체가 올라간 부분은 고려해서 "L"자의 지지철근을 <그림 8.3>과 같이 설치해서 콘크리트를 지표면 높이까지 타설한다. 콘크리트는 급속히 양생되지 않도록 표면에 비닐로 덮어주거나 물을 뿌려 서서히 양생되도록 한다.

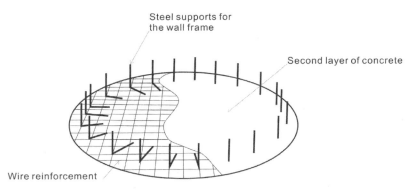

Steel supports for
the wall frame

Second layer of concrete

Wire reinforcement

Modified from PACE

〈그림 8.3〉 바닥기초

8.3 벽체 골조 세우기

바닥기초에서 나와 있는 지지철근에 와이어 철망을 묶어서 벽체골조를 세운다. 대용량의 물탱크의 경우에는 나무 벽체를 세워서 벽체 골조가 중간에 힘이 없어서 형태가 무너지는 것을 방지하도록 한다. 프레임이 되는 지지철근 격자 간격은 100~200mm가 되도록 설치한다.

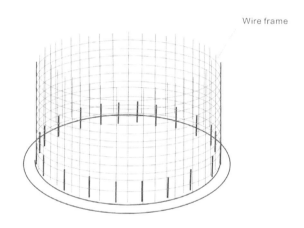

Wire frame

Modified from PACE

〈그림 8.4〉 벽체 골조 세우기

사진: 이성철

〈그림 8.5〉 벽체 세우기(탄자니아)

8.4 철망 감싸기

촘촘한 와이어매쉬(wire-mesh)를 벽체골조의 안쪽 면과 바깥 면 양면으로 부착한다. 와이어매쉬와 얇은 철사를 이용한다.

철사로 닭과 같은 가축이 도망가지 못하도록 얇은 철망인 치킨 와이어(chicken wire)를 이용해서 중간을 꼬아서 철망으로 만든 것이다. 철의 특성상 얇은 철사들 사이로 녹이 피는 현상이 발생하므로, 보관할 때 주의가 필요하다. 아연도금철사는 운반도중에서 서로 상처 난 부위에서 오래 보관할 경우 녹 발생 가능성이 높으므로, 건조한 곳에서 보관을 해야 한다.

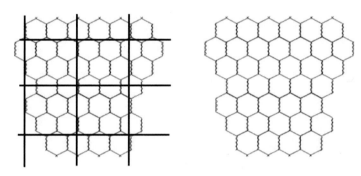

〈그림 8.6〉 와이어매쉬 연결

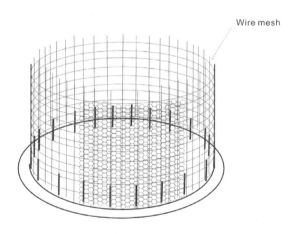

Modified from PACE

〈그림 8.7〉 철망 감싸기

사진: 이정철

〈그림 8.8〉 와이어매쉬

사진: 이정철

〈그림 8.9〉 외부 거푸집 만들기(탄자니아)

8.5 이용설비 연결부 작업

용수이용을 위한 수도꼭지 연결파이프, 오버플로우(overflow) 파이프 등을 와이어매쉬 사이에 필요한 파이프로 설치한다. 와이어매쉬 사이에 파이프가 움직이지 않도록 단단히 설치해서 파이프 앞 뒤 단에 수도꼭지나 호수 등을 연결할 수 있도록 한다.

RWHS 이용과정에서 수도꼭지 개폐 등으로 콘크리트에 작은 힘이지만 지속적으로 움직이는 힘이 가해지게 되므로 시간이 지나갈수록 콘크리트 부위에 누수 가능성이 높아진다. 수도꼭지가 붙는 파이프는 설치초기부터 프레임 격자철근에 단단히 고정시켜 연결부의 누수를 최대한 방지하도록 해야 한다.

시멘트로 미장작업을 할 경우에는 다른 면보다 부가적으로 더 두껍게 시멘트 몰탈로 마감해서 누수가 되지 않도록 한다.

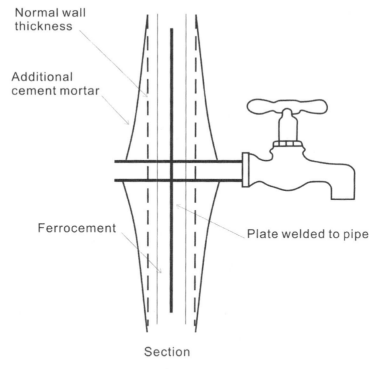

Modified from PACE

〈그림 8.10〉 연결부 작업

8.6 미장작업

와이어매쉬에 시멘트 몰탈은 바깥쪽부터 바른다. 작업하는 과정에서 철망부분이 휠 경우에는 미장작업을 하는 맞은편(안쪽)에서 합판 등의 물체를 대어주는 작업자를 두어 외부의 미장작업이 효율적으로 될 수 있도록 한다.

시멘트 몰탈에 물을 많이 섞지 말고 바르는 느낌을 가지는 것이 중요하다. 시멘트와 모래의 비율은 1(시멘트):2~3(모래)으로 하고 물은 전체 무게에 0.4 정도가 되도록 한다.

외부 미장이 완성되면 내부 미장을 해서 양쪽 면에 미장을 하도록 한다. 미장을 할 때는 흙손과 같은 도구를 사용하고 분사하는 방식은 중간에 빈공간이 있을 수 있으므로 흙손으로 적당한 진동을 주어서 빈공간이 생기지 않도록 해야 한다.

시멘트 몰탈 배합비율이 달라지면 이질부위가 발생할 수 있으므로 대용량 페로시멘트 물탱크를 만들 때에는 여러 명을 투입해서 분업을 통해서 빠른 시간에 작업을 마치도록 해서 양생, 배합비율 등의 변화에 따라 발생할 수 있는 이질부위 발생을 최소화 해야 한다. 시멘트 몰탈 양생기간은 최소한 7일은 되도록 해야 한다. 최소양생기간을 가지기 위해 태양과 바람으로부터 건조되는 것을 방지하기 위해서 비닐이나 헝겊으로 싸서 서서히 양생이 되어야만 적정 강도를 가지므로 각별한 주의가 필요하다.

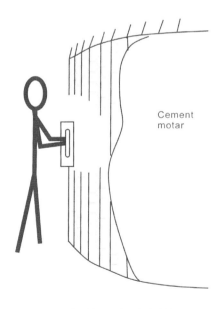

Modified from PACE

〈그림 8.11〉 미장작업

사진: 이정철

〈그림 8.12〉 모래 체선별(탄자니아)

사진: 이정철

〈그림 8.13〉 미장용 작업용수

사진: 이정철

〈그림 8.14〉 내부 미장작업

8.7 바닥기초 접합부 보강작업

내·외부 미장작업을 할 때에는 넘침 방지 파이프 등 이질부가 누수의 위험이 가장 높고, 강도가 약한 곳이 되므로 시멘트 몰탈을 조금 더 두껍게 해야 한다.

특히 내부의 바닥기초와 벽면이 올라가는 곳에서는 가장 많은 수압이 발생하고, 콘크리트와 미장벽체의 이질재료의 접합부로 누수가능성이 높으므로 바닥기초와 벽면 연결부를 두껍게 미장해서 수압으로 인한 누수를 차단해야 한다.

사진: 이정철

〈그림 8.15〉 바닥기초 접합부 보강작업

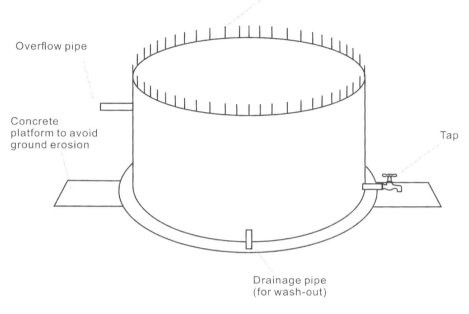

Protruding steel rods are used for fixing roof

Overflow pipe

Concrete
platform to avoid
ground erosion

Tap

Drainage pipe
(for wash-out)

Modified from PACE

〈그림 8.16〉 물탱크 전경

사진: 이정철

〈그림 8.17〉 미장이 완료된 물탱크

8.8 물탱크 지붕

지붕은 철근지지대를 구부려 철망을 이용해서 만들 수 있다. 지붕은 다른 부위에 비해서 수압에 영향을 받지 않으므로 약 2.5m까지는 별도의 기둥 없이 만들 수 있다.

지붕에 와이어매쉬를 설치할 때에는 플라스틱 세숫대야와 같은 물건으로 사람이 물탱크 내부에서 유지보수가 가능하도록 출입구를 만들고 미장작업을 해야 한다. 집수부에서 이송 파이프를 통해 들어오는 물을 받을 수 있도록 적절하게 유입부를 설치한다.

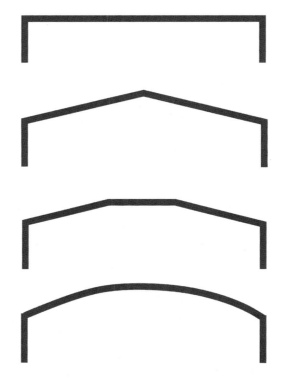

Roof shapes - sectional view

Modified from PACE

〈그림 8.18〉 지붕의 형태

사진: 이정철

〈그림 8.19〉 지붕 설치작업

8.9 시공 시 유의사항

페로시멘트를 사용할 때에는 시멘트 몰탈의 적절한 배합과 올바른 자재선정 중요하다. 와이어매쉬는 시멘트 몰탈이 균열이 가지 않는 균등하게 분포하도록 한다. 와이어매쉬는 다양한 타입이 있지만 대용량 탱크일 경우에는 와이어격자 지름이 4㎜가 되도록 한다. 프레임이 되는 지지철근 격자범위는 100㎜에서 200㎜가 되어야 한다.

시멘트 몰탈은 모래, 물을 섞은 것으로, 모래는 깨끗하게 건조되어 분급이 양호한 것을 사용하고, 시멘트는 구매해서 이동하거나 보관할 때 습기에 조심하도록 해야 한다. 시멘트 몰탈에 사용하는 물은 마실 수 있을 정도의 불순물이 없는 깨끗한 물을 사용하는 것이 좋다.

일반적으로 시멘트와 건조된 모래는 부피가 1:3 비율로 하고 물과 시멘트의 비율은 무게단위로 0.4:1이나 0.5:1로 50㎏ 시멘트 한 포대에 20ℓ에서 25ℓ의 물과 배합한다.

시멘트, 모래, 물의 배합은 일정비율을 맞추도록 하고 몰탈이 너무 딱딱하면 물이 너무 작게 포함되었기 때문이다. 너무 무른 시멘트 몰탈은 강도가 약하거나 공극이 많은 물탱크를 만들 수 있으므로 유의해야 한다. 시멘트 몰탈 배율이 중간에 변경될 경우에는 벽체 강도가 달라서 균열(crack)이 발생될 수 있으므로 조심해야 한다.

시멘트 양생은 최소 2주일 이상은 되도록 해야 한다. 강도를 가지기 위해서는 너무 빨리 건조되는 것을 방지하기 위해서 비닐이나 물에 젖은 부직포를 덮어주어야 한다.

유지 · 관리

제9장 수질 관리

지붕에서 얻은 물에서 발생할 수 있는 오염은 화학적 오염과 미생물 오염이다. 화학적 오염은 먼지로 인해서 주로 발생한다. 화학적 오염물질은 침전과 필터 등을 활용해서 저감할 수 있고 초기 세척수 배제 장치를 통해서 많은 양을 일시적으로 제거할 수 있다.

미생물 오염은 다양한 매개로부터 오염이 되기 때문에 물탱크까지 여과 없이 들어오거나 청소를 하지 않는 물탱크에서 발생할 수 있다. 이러한 미생물 오염은 끓여서 먹거나, 바이오샌드필서(BSF), 태양광살균시스템(SOIDS) 등을 이용해서 저감할 수 있다.

오염을 저감하는 가장 좋은 방법은 지붕과 홈통, 물탱크 등을 주기적으로 청소해서 최선의 수질 관리가 이루어지도록 하는 것이다.

9.1 개요

시골지역 빗물은 대기오염이 심각하지 않아 지붕에 떨어지기 직전까지는 마셔도 될 정도로 깨끗하다. 그렇지만 깨끗한 빗물이 지붕, 홈통, 물탱크를 이동, 저장되면서 각종 오염이 시작된다. 지붕집수장치(RWHS)는 간단한 정수처리로 안전한 식수를 공급할 수 있으며, 지붕, 홈통, 물탱크의 정기적인 검사 또는 청소로 수질관리를 할 수 있다.

지붕이나 홈통에서 오염원은 먼지, 조류 또는 설치류의 배설물, 나뭇잎, 지붕표면의 녹이나 페인트 조각들이다. 많은 RWHS에서는 비가 내리기 시작하면 지붕이나 홈통을 씻겨 내려오는 초기 세척수(first-flush)의 일정량을 제거하고, 물탱크로 연결하는 시스템으로 구성된다.

비가 내리기 시작할 때 사람이 직접 일정량의 초기우수를 버리고 깨끗한 유입수를 확인한 후 물탱크에 넣는다면 가장 좋은 시스템이지만, 비가 오기 시작할 때마다 사람이 항상 RWHS 주변에 있을 수 없으므로 간단한 장치를 이용해서 초기 세척수를 제거하도록 한다.

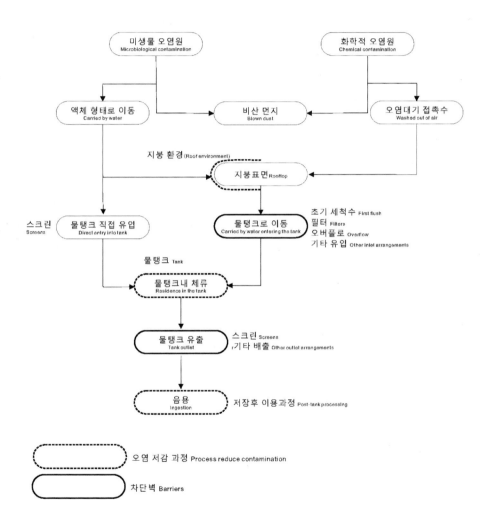

Modified from T.H Thomas and D.B. Maritinson, 2007

〈그림 9.1〉 RWHS 오염 경로

9.2 필터

1차적으로 홈통에서 물탱크로 연결되는 부분에 나뭇잎이나 조금 큰 이물질이 들어가지 못하도록 필터를 두는 것이다. 이러한 필터는 여건에 따라서 큰 사이즈를 둘 수도 있고 모기장이나 그물과 같은 아주 작은 네트(net)를 이용할 수 있다.

<그림 9.2> 필터는 1차적으로 큰 물질을 제거하는 데 도움은 되지만, 홈통에서 물탱크로 연결되는 파이프 부분을 막아버리는 역할을 해서 홈통에 있는 물이 넘칠 수 있으므로 주기적인 청소가 중요하다. 나무가 인접한 곳에 있는 지붕이나 필터의 막힘 현상이 자주 발생될 가능성이 있는 곳에서는 별도 방법을 고려해야 한다.

<그림 9.3>은 선진국에서 사용하는 나뭇잎과 같은 이물질을 제거하는 필터이다. 나뭇잎이 물과 같이 떨어지면서, 분리되므로 막힘현상이 발생하지 않는 장점이 있다.

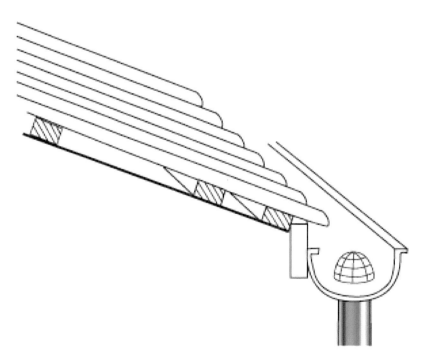

〈그림 9.2〉 홈통 연결 필터

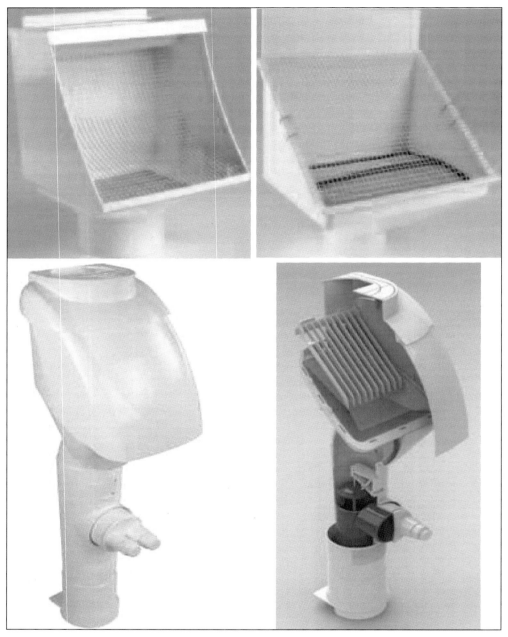

SOURCE : Rain Harvesting PTY Ltd, Product catalog, 2013

〈그림 9.3〉 이물질 필터(Rain Harvesting PTY Ltd.)

9.3 초기 세척수 배제 장치

초기 세척수(first-flush) 배제 목적은 비가 내리기 시작하면 지붕이나 홈통에 쌓여 있던 각종 이물질을 씻어내려 처음 유입되는 물이 가장 오염도가 높은 세척수를 물탱크로 유입되지 않도록 하는 것이다. 초기 오염수가 유입될 경우 물탱크에 저장되고 있는 물들을 지속적으로 오염시키는 현상이 발생할 수 있다.

초기 세척수 배제 방법으로는 수동으로 제거를 하는 방법과 기계적으로 일정수량을 제거하는 방법을 사용할 수 있다. 지역과 지붕마다 차이가 나지만, 처음 얻는 물의 탁도(turbidity)를 고려해서 우리가 원하는 목표 탁도(turbidity)를 맞추기 위해서 용수 제거량은 <표 9.1>을 적용할 수 있지만, <표 9.1> 적용을 위해서는 최소 3일 이상 초기 세척수 탁도를 측정해서 결정해야 한다. 3일간 초기 세척수의 탁도를 평균하고 목표 탁도를 결정한 후 <표 9.1>에서 나오는 배제강수량(㎜)을 지붕 면적에 곱하여 배제 수량을 계산할 수 있다.

〈표 9.1〉 초기 세척수 배제 강수량(mm)

T.H. Thomas and D.B. Matinson, 2007

초기 유출 탁도 (Initial run-off turbidity) (NTU)	목표 탁도(Target turbidity, NTU)			
	50	20	10	5
	배제 강수량(mm)			
50	0	1.5	2.5	3.5
100	1	2.5	3.5	4.5
200	2	3.5	4.5	5.5
500	3.5	4.5	5.5	6.5
1,000	4.5	5.5	6.5	7.5
2,000	5.5	6.5	7.5	8.5

* 초기 세척수는 우기에 최소 3회 이상 탁도 측정 필요

사람이 오염도를 보면서 직접 초기 오염수를 배제하는 방법이 가장 경제적이면서, 안정된 수질을 확보할 수 있다. 비가 많이 내리는 지역에서 강수가 발생하더라도 사람이 지키고 있지 않더라도 한 번씩 빗물을 저장하지 않아도 공급이 충분하거나, 강수량에 비해서 물탱크의 용량이 아주 작을 때 고려할 수 있다.

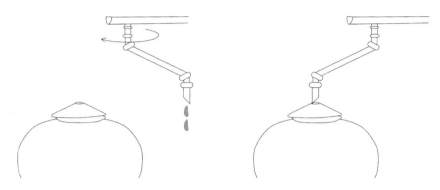

Modified from Janette Worm, Tim van Hattum, 2006

〈그림 9.4〉 수동 초기 세척수 배제장치

<그림 9.5>는 지레대의 원리를 이용해서 자동으로 움직이는 시스템으로 저렴한 비용으로 해결할 수 있는 장점이 있지만 미관상이나 내구성 문제가 발생할 수 있다.

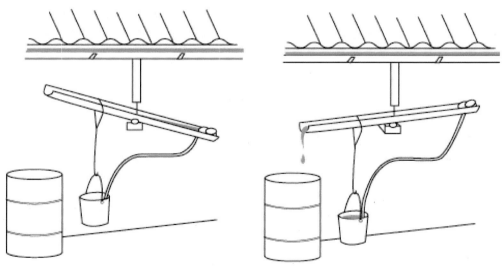

Modified from Janette Worm, Tim van Hattum, 2006

〈그림 9.5〉 일정수량 제거시스템

<그림 9.6>은 저렴하면서 간단하게 이용할 수 있는 시스템이면서 오염수가 분리되는 장점은 있으나 초기의 오염수와 완벽한 분리가 힘들고 비가 내리고 난 이후에 지속적으로 초기 오염수를 제거하는 관리가 필요하다.

파이프형 초기 세척수 배제시스템은 저렴하면서 작동부위가 없기 때문에 내구성이 있다는 장점으로 개발도상국에서 많이 사용하는 방식이다. 내구성이 낮은 부위는 개폐마개를 열고 닫고 하는 부분으로 비가 멈추면 열었다가 다시 닫아야 하기 때문에 플라스틱 나사가 부서질 수 있다.

마개에 이물질이 남아 있는 상태에서 닫을 경우에는 플라스틱 나사골이 파손이 될 수 있으므로 개폐할 때에는 완벽하게 이물질을 제거하여 사용기간을 늘리는 것이 필요하다.

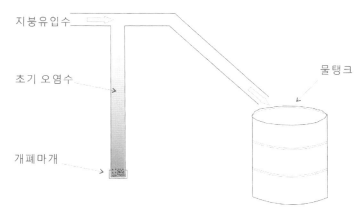

〈그림 9.6〉 파이프형 초기 세척수 배제시스템

〈그림 9.7〉 초기 세척수 배제 파이프(캄보디아)

<그림 9.8>은 물에 뜨는 성질을 가진 공과 같은 물체를 이용하여 초기 세척된 오염수가 빈 공간을 서서히 채우면서 마개가 되는 물체가 점점 떠올라 초기 세척수와 저장수를 분리하는 방식이다.

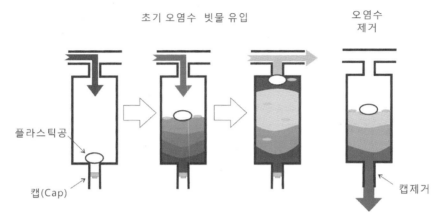

초기 오염수 빗물 유입

오염수 제거

플라스틱공

캡(Cap)

캡제거

Modified from Brock Dolman and Kate Lundquist, 2008

〈그림 9.8〉 부유형 초기 세척수 분리시스템 모식도

Brock Dolman and Kate Lundquist, 2008

〈그림 9.9〉 부유형 초기 세척수 분리시스템

초기 세척수 제거방식은 이론적으로 초기 일부수량을 제거할 수 있다면 다양한 방식으로 만들 수 있다. 오염수량과 지붕의 면적을 종합적으로 고려하여 초기 오염수량을 결정하여 적정한 초기 세척수 제거시스템을 결정해야 한다.

너무나 복잡한 시스템은 내구성을 가지기 어렵고 개발도상국에서 적용이 어려우므로 인력과 유지보수가 쉬운 시설물을 설치해야 한다.

<그림 9.10>과 <그림 9.11>은 WISY(www.wisy.de)라는 빗물집수에 관련된 전문회사의 제품들이다. 이런 제품들을 이용하면, 비용은 비싸지만, 초기 우수에 대한 필터를 좀 더 깨끗하고 편리하게 사용할 수 있다. 빗물집수 시장이 넓은 곳에서는 다양한 제품들을 구매할 수 있다.

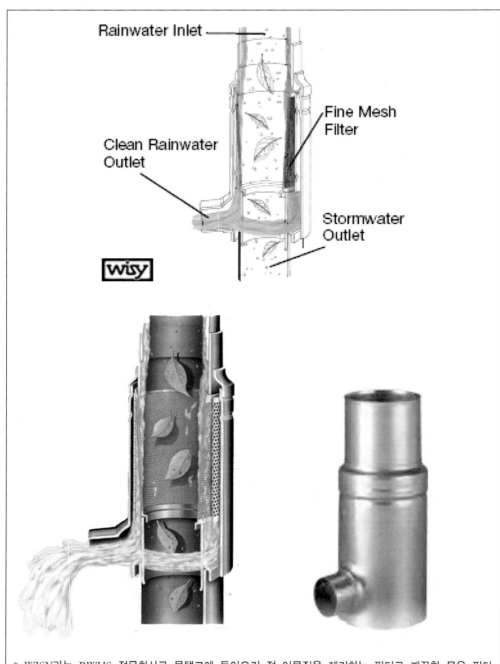

Source: WISY Product Catalog

〈그림 9.10〉 WISY Downspout filter collector

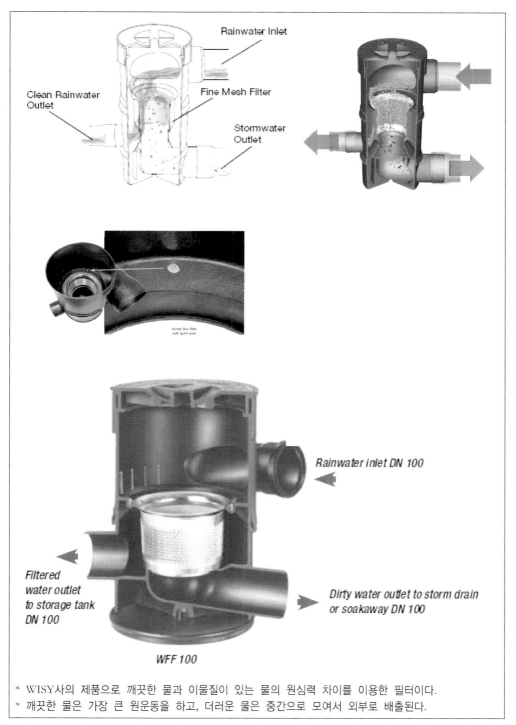

* WISY사의 제품으로 깨끗한 물과 이물질이 있는 물의 원심력 차이를 이용한 필터이다.
* 깨끗한 물은 가장 큰 원운동을 하고, 더러운 물은 중간으로 모여서 외부로 배출된다.

Source: WISY Product Catalog

〈그림 9.11〉 WISY Vortex fine filter

9.4 부유형 취입구

계속 사용하는 물탱크 하부에는 흙먼지와 같은 각종 찌꺼기가 퇴적된다. 다년간 물탱크를 이용하면 깨끗한 물에서도 미세한 퇴적물이 쌓이게 되므로, 매년 우기 직전에 물탱크를 청소해서 수질 관리를 해야 한다.

물탱크 청소는 건기에 물을 완전히 사용한 후 작업자가 바닥면 청소와 물탱크의 파손부위 점검 등을 겸해서 실시한다. 물탱크에 물이 찬 상태로 물탱크를 청소를 하려면 내부의 용수를 모두 제거해야 하므로 우기가 시작하기 전에 물탱크 청소가 가장 효율적이다.

물탱크에 저장된 물의 최상층은 나뭇잎과 같이 가벼운 오염물질이 떠다닐 수 있으므로 최상층을 바로 아래에 있는 중상층 물을 채수하는 것이 가장 깨끗한 수질의 물을 얻을 수 있다. 부유형 유입부를 위해서 물에 떠는 플라스틱에 가는 철망 필터를 붙인 제품도 판매되고 있다. <그림 9.12>는 동일한 원리로 플라스틱 호스와 손쉽게 구할 수 있는 페트병을 이용하여 만들 수 있는 경제적인 방법이다.

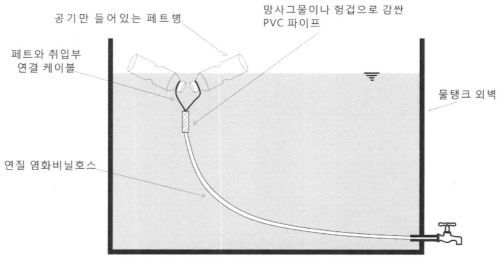

〈그림 9.12〉 페트병을 이용한 부유형 취입부

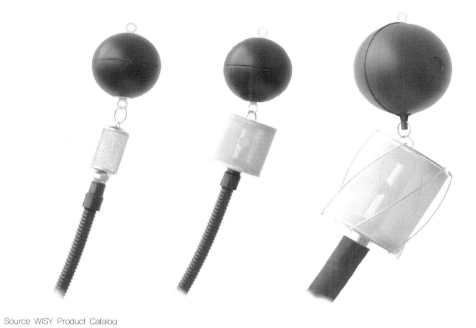

〈그림 9.13〉 WISY 부유형 필터

〈그림 9.14〉 WISY 부유형 필터와 모터펌프 결합형

9.5 미생물 살균

빗물에서 얻어져 저장된 물은 미생물 오염에 가장 취약하다. 미생물을 제거하는 방법으로 마실 물을 끓여서 먹는 것이 가장 좋은 방법이지만, 연료를 구하기 힘든 곳에서 대안적으로 사용하는 방법이 태양광 살균시스템(SODIS) 프로그램이다. 개발도상국에서는 미생물로 오염된 물을 살균할 때 SODIS를 많이 사용한다.

1990년대부터 진행된 태양광 살균시스템(SODIS: Solar Water Disinfection) 프로그램은 저렴한 비용과 간단한 절차 등의 장점으로 여러 나라에 널리 보급되어 있다.

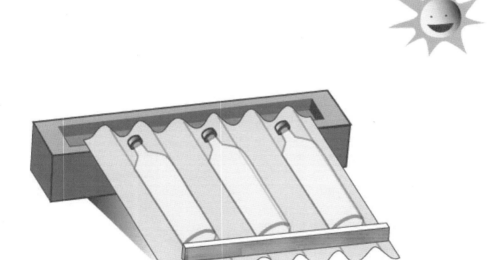

〈그림 9.15〉 태양광 살균시스템(SODIS)

태양광 살균시스템은 식수로 사용할 탁도가 높지 않는 원수를 투명한 PET병에 담아서 구름이 없는 날 아침부터 저녁까지 6시간 이상 햇빛을 볼 수 있는 곳에서 놓아두는 방식으로 미생물이나 박테리아가 자외선(UV-wave)과 태양열에 의해 살균된다.

SODIS의 적용하는 방법은 다음과 같다.

1) 먼저 물통을 깨끗이 씻는다.

2) 30NTU 이하가 되는 원수를 페트병에 3/4 정도 담는다.

3) 약 20초 동안 흔들어서 물에서 물방울이 생기도록 한다.

4) 빈 공간에 다시 물을 채운다.

5) 지붕이나 평평한 면에 햇빛이 가장 많이 받는 방향으로 눕혀 놓는다. 아연도금 철판과 같이 반사면이 있는 곳은 더 좋은 효과를 볼 수 있다.

6) 아침부터 저녁까지 6시간 이상 햇빛에 노출시킨다.

SODIS 관련된 자세한 사항은 SODIS 홈페이지(www.sodis.ch)에서 확인할 수 있다.

〈그림 9.16〉 SODIS 방법

9.6 모기 퇴치

물이 고여 있는 곳은 벌레나 모기들이 서식하기 좋은 환경을 만들게 된다. 모기 서식하는 환경을 최대한 제거하기 위해 Rain Harvesting Pty사에서 다음과 방법을 제시하였다.

1) 물을 포함하고 있는 공간에서 물을 비우거나 청소를 한다.
2) 홈통을 자주 청소한다.
3) 홈통에서 유입되는 입구에 모기제거를 위한 망이나 관련 제품을 설치한다.
4) 초기 세척수 장치를 설치하여 모기유충을 들어가지 않도록 관리한다.
5) 물탱크나 각종 스크린이 파손되지 않았는지 검사한다.
6) 모기스프레이 등을 이용해서 모기를 잡는다.

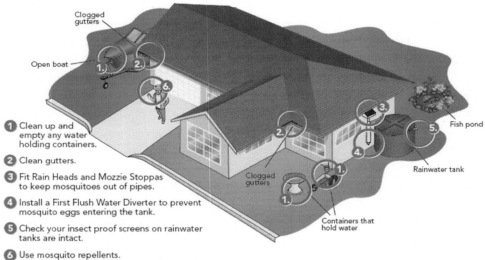

Source: Rain Harvesting Pty. LTD

〈그림 9.17〉 모기 퇴치 방법

개발도상국에서는 홈통, 파이프 등에 물이 고이지 않고, 증발이 쉽게 일어나서 건조 환경을 만들어주고, 물 이용시설 주변에는 배수가 빠르게 되도록 해서 물이 고이지 않도록 해야 한다. 또한 모기가 발생할 경우에는 스크린 등을 설치해서 모기의 유충이 물탱크 내부에서 자라지 않도록 한다.

제10장 RWHS 유지·관리

개발도상국에서 용수공급시설을 설치하고 운영에 들어간 후, 2~3년이 지나지 않아 사소한 문제로 인해서 시설을 사용하지 못하게 되는 경우를 너무나 쉽게 볼 수 있다. RWHS(빗물집수시스템)는 사용자의 집에 설치되므로 관리자가 자동적으로 지정되지만, 관리자에게 적정한 유지 관리 기본 교육은 필수적이다.

지붕은 항상 깨끗하게 유지해야 한다. 매월 정기적으로 검사와 조치를 취하고 건기가 마치는 때와 바람이 많이 불고 난 이후에는 반드시 청소를 해야 한다. 작은 나뭇가지 또는 잎이나 동물들의 배설물은 수시로 제거를 해서 지붕의 청결이 중요하다.

홈통과 파이프는 매월 검사를 하고 동물 배설물, 작은 나뭇가지, 흙먼지를 제거해야 한다. 홈통에는 연결부위가 많이 있기 때문에 연결부위의 상태를 확인하고 필요하다면 즉각적인 보수를 해서 목돈이 들어가지 않도록 해야 한다.

홈통의 입구를 막거나 물탱크 입구에서 이물질을 제거하는 각종 필터는 우기가 시작하기 전후에 교체를 함으로써 필터의 막힘 현상에 따른 효율저하를 막아야 한다.

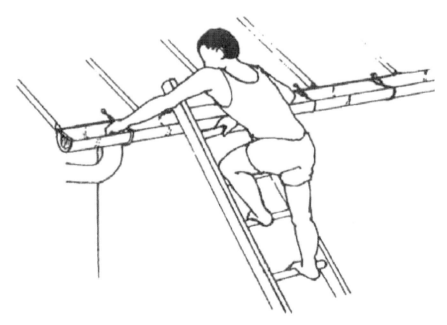

〈그림 10.1〉 홈통 및 홈통필터 청소(US Aid)

초기 세척수 배제 장치는 매년 우기가 시작하기 전후에 정상작동 유무를 확인한다. 매번 비가 내리고 난 이후에는 세척수 배제 장치에 들어 있는 오염수를 제거하여 다음 비가 내릴 때 초기 세척수를 배제할 수 있도록 해야 한다. 초기 세척수 배제 장치는 비가 오고 난 이후에는 매번 비워주어야 하므로 관리에서 가장 빈번히 손이 많이 가는 항목이다.

저렴하게 만든 것들은 내구성이 취약하므로 주기적으로 검사하여, 즉시 교체를 하거나, 여분의 부품을 준비하고 있다가 완전히 파손이 되면 즉각적인 교체가 이루어지도록 해야 한다.

개발도상국에서는 소모품을 미리 교체를 하지 않고 최대한 사용을 하다가 도저히 사용하지 못할 때 교체를 하면 된다. 소모품은 가장 싸게 판매되는 지역으로 가는 기회에 구매해서 예비부품으로 준비를 해 놓는 것이 좋다.

물탱크는 미생물이 번식하기에 가장 좋은 곳이고, 흙 찌꺼기 등이 누적되어서 탱크의 효율을 저하할 수 있다. 물탱크를 청소할 때는 우기가 시작되기 직전이나 물탱크가 완전히 비워졌을 때 청소를 해야 한다.

물탱크를 청소할 때에는 물을 완전히 빼고 안에 쌓여 있는 찌꺼기를 완전히 제거한 다음 완벽한 건조를 통해서 미생물들이 증식하지 못하도록 해야 한다. 특히 물탱크에는 모기유충이나 각종 벌레들이 서식하기 쉬운 환경을 제공하므로 수시로 육안관찰을 할 필요가 있다.

물탱크 주변이나, 홈통 주변에서 모기 서식지가 될 수 있으므로, 물을 계속해서 사용하고 수시로 청소를 실시해서 물탱크 주변을 깨끗하게 해야 한다.

물탱크의 청소와 더불어 가장 중요한 항목은 누수현상이 발생지점을 검사하는 것이다. 초기 누수는 약간의 보수로 해결할 수 있지만 누수를 그냥 두면 점점 누수량이 많아지므로 누수를 방지하기 위한 방수작업을 해야 한다. 물탱크를 청소를 할 때에는 누수의 정도에 따라서 내부에 미장작업을 새로 해서 누수가 되지 않도록 할 수 있다. 물탱크는 일 년에 한 번 정도가 완전히 비워지므로 이때를 이용해서 보수를 하는 것이 편리하다.

<표 10.1>은 부분별 정기적으로 관리 또는 보수해야 될 항목을 기술하였다. 각 항목은 설치여건이나 지역특성에 따라 주기가 달라질 수 있다.

〈표 10.1〉 부분별 정기 관리·보수 항목

부 분	주 기	관리 및 보수 항목
지붕	매월	배설물, 나뭇가지, 흙먼지 청소
	우기 전·후	지붕의 누수, 지붕결함 보수
홈통·파이프	매월	연결부위, 부착상태, 나뭇가지, 배설물, 흙먼지
	우기 전·후	홈통파이프와 지붕의 연결상태, 홈통의 부식 등
필터	우기 전·후	청소 및 교체
초기우수 배제장치	강수 후(매번)	초기 우수 제거, 정상작동 여부
	우기 전·후	정상 작동 여부 및 접합부 마모 등의 교체 여부
물탱크	매월	누수 여부
	우기 전	물탱크 내부청소(퇴적물 등), 소독작업, 건조, 방수작업
주변환경	매월	이용시설 주변에 파손, 이용시설 주변의 모기서식 등

부록

Ⅰ. 물탱크 표준 설계도(Erik Nissen-Petersen, 2007, Water from Roof)

5㎥ 콘크리트 물탱크

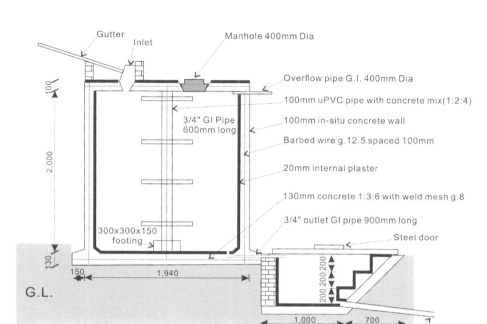

(Modified from Erik Nissen-Petersen, 2007)

표준 설계도의 내용은 Erik Nissen-Petersen, 2007, Water from Roof, DANIDA에 아래 내용과 다른 종류의 물탱크까지 설계도와 BOQ가 자세히 나와 있다.

- □ 10㎥ 구운 벽돌 물탱크
- □ 15㎥ 황토 압축 벽돌(soil compressed blocks) 물탱크
- □ 12㎥ 잡석(rubble stones) 물탱크
- □ 3㎥ 페로시멘트 항아리
- □ 11㎥ 페로시멘트 물탱크
- □ 23㎥ 페로시멘트 물탱크
- □ 46㎥ 페로시멘트 물탱크
- □ 90㎥ 지하 페로시멘트 물탱크

수량명세서(5㎥ 콘크리트 물탱크)

Description	Unit	Quantity/Days	Unit Cost Ksh	Total Cost Ksh
Labour cost				
Artisan	Artisans	1× 8 day	400/day	3,200
Labourers	Labourers	2× 8 day	200/day	3,200
Cost of labour				6,400
Materials				
Cement	50kg bags	12	600	7,200
River sand	Tonnes	3	200	600
Crushed stones	Tonnes	3	600	1,800
Burnt brikcks 4'× 6'× 10'	Units	50	5	250
Water	Oil-drums	8	100	800
Weld mesh 2.4×1.2m	Sheets	4	370	1,480
Barbed wire 20kg rolls, g 12.5	kg	1	3,000	3,000
Chicken mesh, 3'× 90'× 1'	Rols	2	3,000	6,000
Nails, 2'	kg	5	100	500
Lime	25kg	1	400	400
uPVC, 2', sewage pipe	Lengths	1	400	400
G.I pipe, 1½'	m	0.5	420	210
G.I pipe, ¾'	m	0.9	200	180
G.I fittings, ¾'tap, elbow etc	Units	4	500	2,000
Galvanized coffee mesh	m²	1	200	200
Circular bolts	6mm× 25mm	6	20	120
Circular metal ring	cm	200×20	free	free
Timeber, 6'× 1'	m	30	75	2,250
Nail, 3'	kg	5	80	400
Cost of materials				27,790
Tansport of materails				
Hardware lorries	3tonnes	1load	3,000	3,000
Tractor trailer loads	3tonnes	5load	900	4,500
Cost of transport				7,500
Total cost of a 5㎥				41,690

* Ksh: 케냐 실링(1USD≒70Ksh)   USD600

Erik Nissen–Petersen, 2007, Water from Roof, DANIDA

Ⅱ. PE 물탱크

 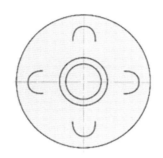 

〈PE 물탱크 재원〉

규 격	높이(mm)	외경(mm)
원형 200리터(0.2톤, 1드럼)	810	650
원형 400리터(0.4톤, 2드럼)	925	840
원형 600리터(0.6톤, 3드럼)	1,100	912
원형 1,000리터(1톤, 5드럼)	1,365	1,100
원형 2,000리터(2톤, 10드럼)	1,715	1,325
원형 3,000리터(3톤, 15드럼)	1,945	1,530
원형 4,000리터(4톤, 20드럼)	2,200	1,700
원형 5,000리터(5톤, 25드럼)	2,255	1,775
원형 6,000리터(6톤, 30드럼)	2,600	1,890
원형 8,000리터(8톤, 40드럼)	2,595	2,180
원형 10,000리터(10톤, 50드럼)	2,790	2,350
원형 15,000리터(15톤, 75드럼)	2,690	3,670
원형 20,000리터(20톤, 100드럼)	2,880	4,120
원형 30,000리터(30톤, 150드럼)	2,880	5,370

Ⅲ. 기타 물탱크

베이스캠프 물탱크

베이스캠프: 강원도 원주시 소초면 홍양리 1341-1번지

Size: 1,500㎜(바닥면지름)×1,200㎜(높이)×750㎜(윗면지름)

무게: 10kg

용량: 1.45㎥

색상: 파랑 또는 주황

재질: PVC 타포린

기타: 보트 원단을 사용하며 UV차단용 코팅, 주머니와 주머니를 연결하는 배관에 ball valve를 사용하며 하부에는 별도의 배관으로 담수된 물을 분사할 수 있음.

단가: $300

〈베이스캠프 자료 제공〉

Ⅳ. 선진국의 빗물집수시스템(Rain Harvesting Pty. Ltd.)

Rain Harvesting Pty사의 12단계 RWHS 시스템

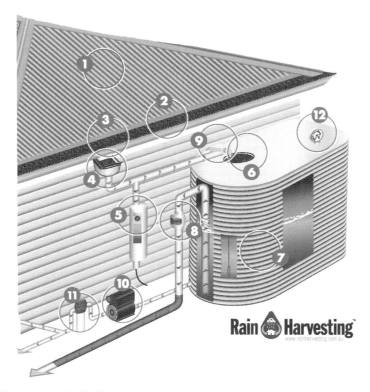

* 출처: Rain Harvesting Pty. Ltd. Brochure

1. 지붕	7. 물탱크
2. 홈통 매쉬	8. 오브플로 파이프, 역류방지
3. 홈통 배출구	9. 저수위 보충용 장치(필요 시)
4. 이물질 제거기	10. 이용 펌프(필요 시)
5. 초기 세척수 제거기	11. 빗물 필터
6. 물탱크 스크린	12. 물탱크 수위 표시기

V. 참고가 되는 웹사이트

www.ircsa.org: International Rainwater Catchment Systems Association

www.rainwater-toolkit.net: The Rainwater Harvesting eToolkit

www.gharainwater.org: Greater Horn of Africa Rainwater Partnership

www.ropepumps.org: Rope Pumps 각종 펌프를 소개해 놓고 있음

www.cast.org: 다양한 물과 보건위생에 관련된 자료들이 있음

www.paceproject.net: Pan African Conservation Education Project 홈페이지로 다양한 적정기
술이 나와 있음

developmentbookshop.com: Practical Action Publishing 각종 원조 관련 서적이 판매됨

www.rainwatermanagement.com: Rainwater Managemnet Solutions 사 홈페이지로 많은 RWHS의
판매제품이 나와 있음

www.wisy.de: 빗물집수 관련 제품 전문 생산업체(WISY)

www.rainharvesting.com.au: 빗물집수 관련 제품 전문 생산업체(Rain Harvesting Pty. Ltd.)

참고문헌

Ch 1.

NWP, 2007, Smart Water Harvesting Solutions, p.9.
T.H Thomas and D.B. Maritinson, 2007, Roofwater Harvesting, IRC International Water and Sanitation Centre.
Janette Worm, Tim van Hattum, 2006, Rainwater harvesting for domestic usd, agrodok-series No.43, CTA.
KOICA, 2008, 탄자니아 도도마/신양가 식수개발사업, 한국국제협력단.
WHO, 2003, Domestic Water Quantity, Service Level and Health.

Ch 2.

T.H Thomas and D.B. Maritinson, 2007, Roofwater Harvesting, IRC International Water and Sanitation Centre.
SOPAC, UNEP, TCDT, SIDA, 2004, Harvesting the Heavens; A manual for participatory training in Rainwater harvesting.
Janette Worm, Tim van Hattum, 2006, Rainwater harvesting for domestic usd, agrodok-series No.43, CTA.
Erik Nissen-Petersen, 2007, Water from Roof, DANIDA.

Ch 3.

Erik Nissen-Petersen, 2007, Water from Roof, DANIDA.
Janette Worm, Tim van Hattum, 2006, Rainwater harvesting for domestic usd, agrodok-series No.43, CTA.

Ch 4.

John Mbugua, Rainwater harvesting, Small community water supply,
http://www.itacanet.org/eng/water/Section%204%20Rain/SCWA_Rainwaterharvesting.pdf
Prinz, D. (2010). Identification and design of potential water harvesting interventions in selected watersheds of northern Libya.

Ch 5.

Janette Worm, Tim van Hattum, 2006, Rainwater harvesting for domestic usd, agrodok-series No.43, CTA.
T.H Thomas and D.B. Maritinson, 2007, Roofwater Harvesting, IRC International Water and Sanitation Centre.
Erik Nissen-Petersen, 2007, Water from Roof, DANIDA.
PACE Action Sheet 13, Roofwater Harvesting,
http://www.paceproject.net/Userfiles/File/Water/Roofwater%20Harvesting.pdf
WaterAid, Rainwater Harvesing Technical broef, WaterAdid.

Ch 6.

Houben & Guillaud, 1994: p.230 Earth Construction-a comprehensive guide, CRATerre-EAG, Intermediate Technology Publications, London, 1994.

Ferrocement Water Tanks, PACE, Action Sheet 13,

http://www.paceproject.net/Userfiles/File/Water/Ferrocement.pdf

CAWST, Storage tank sheet, http://www.cawst.org/en/resources/pubs/training-materials/file/174-rwh-tank-design-eng

Pacey A. & Cullis, A., 1986, Rainwater harvesting, The collection of rainfall and runoff in rural areas. Intermediate Technology Publications, London, UK.

Ch 7.

Erik Nissen-Petersen, 2007, Water from Roof, DANIDA.

Ch 8.

PACE Action Sheet 21, Ferrocement Water Tanks,

http://www.paceproject.net/UserFiles/File/Water/Ferrocement.pdf

National Academy of Sciences, 1973, Ferrocement: Applications in Developing Countries

http://pdf.usaid.gov/pdf_docs/PNAAA595.pdf

Ch 9.

Janette Worm, Tim van Hattum, 2006, Rainwater harvesting for domestic usd, agrodok-series No.43, CTA.

T.H Thomas and D.B. Maritinson, 2007, Roofwater Harvesting, IRC International Water and Sanitation Centre.

EAWAG & SANDEC, 2002, Solar Water Disinfection A guide for the Application of SODIS,

www.fundacionsodis.org

Brock Dolman and Kate Lundquist, 2008, Roof water harvesting for a low impact water supply, WATER Institute.

WISY, RMS, Storage tank floating filters and hoses. Infor Sheet,

http://www.rainwatermanagement.com/info-sheet/FloatingFilters2.pdf

Rain Harvesting PTY Ltd, 2013, Product Catalog,

http://rainharvesting.com/wp-content/uploads/2014/04/US-Product-Guide-Yr2013_Feb-13.pdf

Rain Harvesting Pty, LTD, STOP MOSQUITOES,

http://rainharvesting.com.au/knowledge-center/mosquito-prevention/

Ch 10.

Marielle Schweickart, Maggie Mutphy, 2009, Rainwater Harvesting System Manual, Rice Univestity Lesotho Sustainablility Assessment Project.

Brock Dolman and Kate Lundquist, 2008, Roof water harvesting for a low impact water supply, WATER Institute.

부록

Erik Nissen-Petersen, 2007, Water from Roof, DANIDA.

Rain Harvesting Pty. Ltd, Product Brochure,

http://rainharvesting.com.au/wp-content/uploads/2014/05/12-Steps-Brochure-DL-Final.pdf

손주형

현) 한국농어촌공사 지하수지질처 근무
부경대학교 이학박사(지하수 환경)
낙동강유역환경청 환경영향심사위원(응용지질 분야)

케냐 타나강 식수개발사업 PMC 단장
탄자니아 도도마 및 신양가지역 식수개발사업 PMC
캄보디아 농촌개발정책 및 전략수립사업 PMC
에티오피아 티그라이주 식수개발사업 PMC
필리핀 MIC(농공단지)개발사업 기초조사
아르헨티나 농업현황조사
가나 농업협력개발사업 개발조사
D.R. 콩고 자원연계협력사업 개발조사
인도네시아 수력발전용 댐 예비조사
라오스 무상협력사업 실시조사

『에티오피아, 천 년 제국에 스며들다』
『아빠 함께 가요, 케냐』
『잠보, 탄자니아』
『중국의 작은 유럽, 칭다오』

블로그 : blog.naver.com/jhson9
E-mail : jhson9@gmail.com

* 이 책의 모든 인세는 국제자선단체에 기부하여 개발도상국을 위해 쓰일 예정입니다.

빗물집수시스템

초판인쇄 2014년 12월 23일
초판발행 2014년 12월 23일

지은이 손주형
펴낸이 채종준
펴낸곳 한국학술정보㈜
주소 경기도 파주시 회동길 230(문발동)
전화 031) 908-3181(대표)
팩스 031) 908-3189
홈페이지 http://ebook.kstudy.com
전자우편 출판사업부 publish@kstudy.com
등록 제일산-115호(2000. 6. 19)

ISBN 978-89-268-6753-2 93530